增補改訂版

新幹線全車種

コンプリートビジュアルガイド

増補改訂版

新幹線全車種
コンプリート ビジュアルガイド

300X

様々な新幹線

の 姿

様々な
新幹線
の姿

様々な新幹線の姿

西九州新幹線用に準備されたN700S『かもめ』。4編成が運用されている

全国に広がる新幹線

新幹線の開業

2022年9月23日に新たな新幹線となる、西九州新幹線が開業した。JR九州独自の改造を施した専用の車両、6両編成のN700Sの登場も話題となった。

この西九州新幹線、もともとは九州新幹線・西九州ルートとして整備計画が挙げられていたものだ。博多〜鹿児島中央間の九州新幹線・鹿児島ルートと筑紫平野で分岐し、博多〜長崎を結ぶ計画だ。ただ、佐賀県では一貫して新幹線を了承しておらず、武雄温泉〜長崎間を先行して整備した。そのため、博多〜武雄温泉間は在来線特急『リレーかもめ』で通り、武雄温泉駅の対面ホームで乗り換え、武雄温泉〜長崎間だけ新幹線『かもめ』が走る形式となった。

建設当初は、在来線と新幹線をシームレスに乗り入れ可能なフリーゲージトレインでつなぐ予定だったが、開発が難航したことから導入を断念して、現状の方式に至っている。

西九州新幹線の営業キロは約66km。リレー式なこともあり博多〜長崎間の時短効果は約30分だ。「新幹線にする意味があるのか？」という声も出そうだが、揺れも少ない快適な時短は、観光にもビジネスにも有利に働く。また、往復1時間と考えると行動範囲もかなり変わってくる。

新幹線のメリットは、大量の人員を高速に、しかも乗車から下車までのハードルを低く運用出来る点だ。直接のライバルは航空機だが、飛行場へのアクセス、保安検査や搭乗・離陸・着陸後の時間、搭乗中の自由度などを含めると、新幹線のほうが便利という局面は多い。特に中距離間移動は、新幹線のメリットが大きいといえる。

整備新幹線とは

これら全国の新幹線は、全国新幹線鉄道整備法に則り1971〜1973年に告示された「建設を開始すべき新幹線鉄道の路線を定める基本計画」のうち、1973年に整備計画が決定した「整備新幹線」と呼ばれるものが着工している（東海道、山陽、東京〜盛岡間の東北、上越、成田、中央の各新幹線は別）。

整備新幹線として2024年現在建設中なのは、2030年度末に延伸開業を予定している北海道新幹線・新函館北斗〜札幌間だ。着工はまだ先だが、北陸新幹線・敦賀〜新大阪間、西九州新幹線・新鳥栖〜武雄温泉間も整備新幹線だ。もちろん計画をベースにしながらも、JR各社の収益性や地方自治体の意見などが反映されて、建設が行われている。

整備計画は決まっていないが、基本計画に定められた路線は他にも10路線ある（右ページの図参照）。中央新幹線はリニア中央新幹線が引き継いだ形だ。また、福島〜山形〜秋田をつなぐ奥羽新幹線、富山〜新潟〜秋田〜青森を日本海側でつなぐ羽越新幹線、高松・松山・高知をつなぎ大阪・大分を結ぶ四国新幹線（四国新幹線＋四国横断新幹線のハイブリッド）などは、実現させようとい

基本計画のある新幹線

全国新幹線新幹線鉄道整備法は、1970年に公布。その時点で東海道新幹線は開業済みで、山陽新幹線も開業に向けて着々と工事が進んでいる状態だった。

以降は、1971年に東北新幹線（東京都～青森市）、上越新幹線（東京都～新潟市）、成田新幹線（東京都～成田市）が告示。このうち、成田新幹線は1987年に失効している。1972年には、北海道新幹線、北陸新幹線、九州新幹線。1973年には残りの新幹線が告示された。そのうち、現在までに建設が進んでいる路線のみが整備計画として決定されている路線だ。

基本計画のある路線を見ると、そのほとんどが「あれば旅が楽になるなぁ」と思える部分を通っている。50年前のこれら計画が、この先どのようになるのか期待したい。

在来線とのリレー形式で開業した西九州新幹線。計画では、博多～長崎間が整備新幹線となっているが、地方自治体との調整の結果、柔軟な対応になることも。武雄温泉駅での乗り換えは、在来線特急と新幹線の車両長が違うなど、すぐ目の前の車両に乗り換えられるとは限らないが、意外にすんなり乗り換えられる

う動きが活発化しているように見える。

ミニ新幹線とは

「あれ？　秋田新幹線と山形新幹線があるのでは？」と思う向きもあるだろう。実はこの２つは、整備新幹線ではない。本来の新幹線とは、主たる区間を列車が200km/h以上の高速走行可能な幹線鉄道のことだ（そのうえで線路幅が1435mmのものがフル規格と言われる）。

一方、秋田新幹線と山形新幹線は、実は在来線だ。元々線路幅1067㎜の在来線を1435㎜に拡張したもので、線路幅は新幹線と同じだが、既存の駅ホームやトンネル、線路自体の敷設規格などは在来線のままだ。つまり普通の新幹線の車両は通れないし、速度も130km/hが最大となっている。この在来線拡張型の規格は「ミニ新幹線」と呼ばれている。

ミニ新幹線用の車両は特殊な設計がされている。在来線に合わせて車両幅が狭くなっているため、新幹線のホームでは、車両とホームの間が大きく開いてしまうことになる。そのため、駅での乗降時は客用扉の前にステップが出て、スムーズな乗降をサポートする仕組みだ。また保安装置も、新幹線用の自動列車制御装置と、在来線用の自動列車停止装置（ATS-P）の両方を備えているほか、車輪の形状や電気形式も、在来線・新幹線の両対応となっている。

ミニ新幹線は、新たにフル規格の線路を建設する必要がないため、早く安く開業が行えたり、直通運転とそれによる乗り換えがなくなるメリットがある。一方で最高速度が低く、急カーブが多かったり踏切などもあるため全体的な高速化は期待できない。需要の高まりとともに、地元が新たに奥羽新幹線を求める気持ちも分からなくもない。

在来線区間を走るミニ新幹線。これら新在直通車両は、現状JR東日本だけが開発している。山形新幹線に投入された400系を皮切りに、E3系、E6系が開発されている。また2024年春には、山形新幹線用にE8系が投入された

車両幅が小さく、新幹線ホームでは車両とホームの間に隙間が出来る。そのため車両に可動式のステップが収納されており、乗降時に扉の下に展開される。この仕組みは400系、E3系、E6系、E8系で共通

自動分割併合装置を営業車で初めて搭載した400系。東北新幹線と併結しての走行が基本

途中駅で分割併合運転を初めて行ったのが400系と200系。以後、JR東日本の東北新幹線用車両やミニ新幹線には、自動分割併合装置が搭載されている

営業車両

～現役～

N700S *Series*

東海道新幹線車両
フルモデルチェンジ

N700系をベースにJR東海が開発した最新車両で、6・7・8・12・16両を基本設計の変更なく編成を組める設計がされており、国内外問わず様々な線区に適用できる「標準車両」として位置づけられている。2020年に東海道・山陽新幹線用の16両編成、2022年に西九州新幹線用の6両編成が営業運行を開始した。

車体は、N700系の基本形状を継承しつつ、ライト付近にエッジを立てるようにデザインされた「デュアルスプリームウイング」により、微気圧波、車外騒音、走行抵抗、最後尾車動揺を低減している。また、モーターや台車フレームの改良による軽量化、新型パンタグラフ、停電時でも自力で移動できるようにリチウムイオンバッテリーを搭載するほか、フルアクティブ制振装置など、意欲的に多くの機能が盛り込まれている。

DATA

落成●2018年
導入●2020年
定員●1323名→1319名（16両）／396名（6両）
材質●アルミニウム合金
編成数●16両／6両
所属●JR東海／JR西日本／JR九州

試運転で東京に到着する J0編成。試験走行を経て得られたデータが、量産車に反映されていく

N700 Supreme

Sは「Supreme」の略。シリーズの最高車両を意味する

J0編成
9000番代16両

2018年に製造された確認試験車（量産先行車）。東海道・山陽新幹線のブラッシュアップを目指し、技術開発を推進する試験専用車という位置づけ。

鋭角的に見えるが、先頭車はN700系よりは緩やかな傾斜となっている

デュアル・スプリーム・ウィングと呼ばれる先頭車形状。ヘッドライトはLED

山陽新幹線内で試験走行をする8両編成。
新山口～新下関間を何度も往復する
形で運転が行われた

J0編成
9000番代8両

2018年10月より、J0編成16両を組み替えて８両編成とした確認試験車。N700Sは４種類のユニットを組み替えることで様々な編成を組成できるようになっており、J0編成の１、２、６、８、９、11、15、16号車を組んで８両編成にしている。またこの時、両先頭車はモーター車化されていた。

テストは山陽新幹線内
だけではなく、
東海道新幹線でも実施

8両編成の先頭車。
サイドにJ0と編成名が入っている

当初はJ編成のみの運用で、
編成数も少なく東海道・山陽新幹線を主に
『のぞみ』の運用で走行していた。

J編成
0番代
H編成
3000番代

東海道・山陽新幹線用の量産車で16両編成。東海道・山陽新幹線で初の全席コンセント付きの営業車両。『のぞみ』『ひかり』『こだま』それぞれで運用されている。2021年４月以降の製造分から、車いすスペースが増え、定員が６名減っている。Ｊ編成はJR東海の所属で、Ｈ編成はJR西日本の所属。

H編成が投入されたのは2021年から。
基本的な仕様はJ編成と変更はない

JR九州の鉄道車両デザインを
多く手がける水戸岡鋭治氏が担当しており、
東海道・山陽新幹線とは全く異なる
印象の車両となっている

Y編成
8000番代

西九州新幹線用の6両編成。車両形状はN700Sから変わりはないが、N700Sのロゴはなくなり、運用する『かもめ』のロゴが入るほか、独自のカラーリングがされている。内装も自由席はN700Sベースだが、指定席の座席は独自のものに変更されている。

6両編成でそのすべてが
モーター車というパワフルな組み合わせ

車両の様々なところに、
KAMOMEのロゴマークが入っている

車両正面。運転台の
周りが黒で囲まれ
キャノピーがよく分かる

J 編成の内装

普通車。一見、従来のものと変わらないシートだが、
背もたれと座面が連動して動くようになっている。
また全席にコンセントを装備

グリーン車。リクライニングの回転中心を
変更し、より快適に乗車できる。フットレストの大型化と、
足下スペースの拡大も行われている

Y 編成の内装

左上、右上、左下は指定席1号車〜3号車の座席。
800系の指定席シートに似ている。全席にコンセント付き。
右下は4〜6号車の自由席の座席。N700Sの普通車と同じ

走 行ルート

車 両スペック

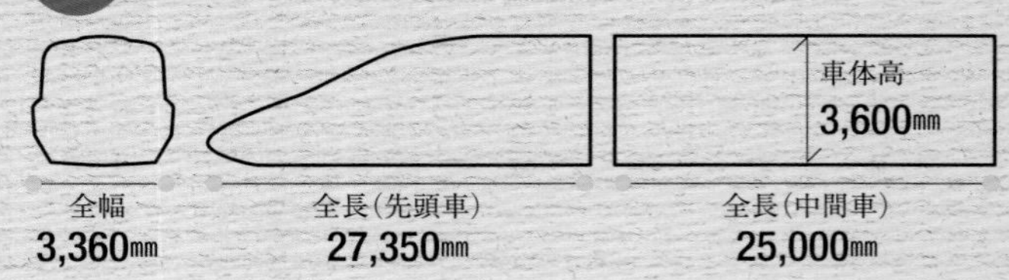

Y 編成の外装

車両サイドに入るロゴ。アクセントとして
目立つようにロゴが入れられている

パンタグラフの2面側壁にも
ロゴマークが入れられている

『かもめ』専用のロゴマーク。
外装のあちらこちらにロゴが入っている

毛筆のロゴは、JR九州の会長である
青柳俊彦氏の手によるもの

Y 編成の検測装置

Y2編成のパンタグラフ部分。
架線をレーザーで検測するための装置がついている

他の編成のパンタグラフ部分には
検測装置は付いていない（奥がY2編成）

車 両編成

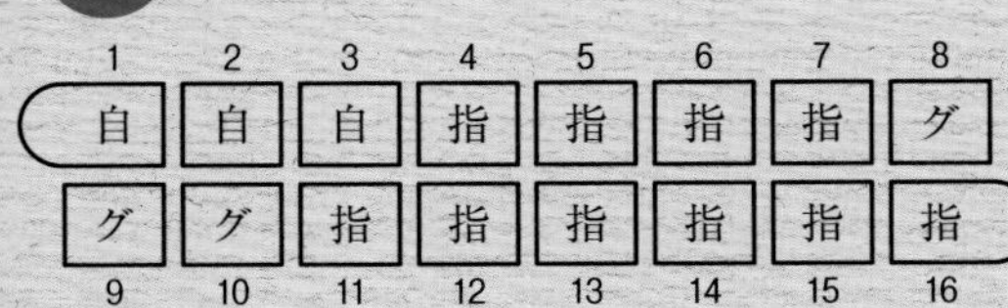

1	2	3	4	5	6	7	8
自	自	自	指	指	指	指	グ

9	10	11	12	13	14	15	16
グ	グ	指	指	指	指	指	指

※のぞみの場合
※自:自由席　指:指定席　グ:グリーン車

N700 *Series*

カーブでも270km/hで走行。
日本の大動脈を最速でつなぐ

700系よりも高速化･快適性を目指して､JR東海とJR西日本が共同開発した車両｡車体傾斜システムを導入しており、東海道新幹線区間ではR2500mのカーブでも減速せずに270km/hでの走行を実現し、山陽新幹線区間では700系より15km/hも速い最高速度300km/hを実現している。また､車両の振動を低減させたほか､普通車座席の間隔や幅を若干広げている。普通車では窓側に、グリーン車には全席にコンセントが配置された。

2011年、JR西日本とJR九州の共同開発により、カラーリングや内装の異なる8両編成が製作された。主に山陽・九州新幹線の直通運転用に使用されている。

2013年には、より安定した走行が行えるように改良が施されたN700Aが登場。これによりR3000mのカーブでも285km/hで東海道新幹線内の走行が可能となった。以降、従来のN700系16両編成は全てN700A仕様に改造された。

DATA

落成●2005年
導入●2007年7月1日
定員●1,323名(16両)/546名(8両)

材質●アルミニウム合金
編成数●16両／8両
所属●JR東海／JR西日本／JR九州

独特の先頭車形状。
エアロ・ダブルウイング形と呼ばれる

2005年9月頃より約8か月間だけ、16号車のノーズ下部に補助灯が設置されていた

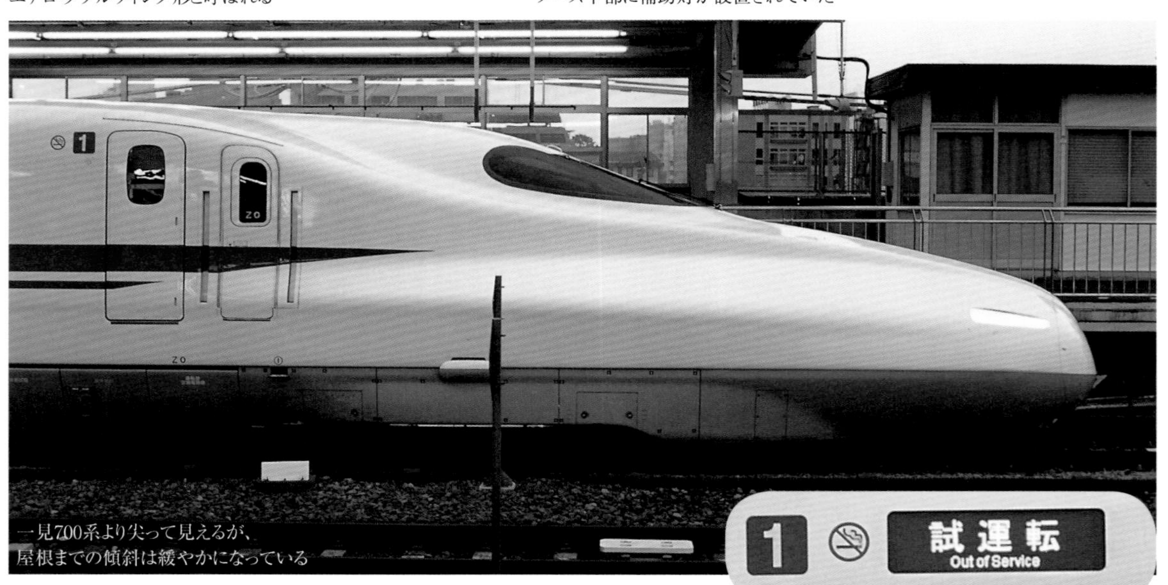

一見700系より尖って見えるが、屋根までの傾斜は緩やかになっている

量産車では、禁煙マークは号車番号の下に配置された

Z0編成
9000番代

2005年に製造された先行試作車。テスト走行では320km/hをマークしている。この車両での走行試験をベースに改良が加えられ、量産車であるZ編成とN編成が製造された。現在は廃車となり、リニア鉄道館に先頭車（1号車）を含む3両が保存されている。

量産車の初期編成。現在はすべてのZ編成が改造され、X編成となっている。
東海道新幹線では、安全性を考慮して270km/hで走行していたが、車体性能は285km/h走行可能

Z編成
0番代

N編成
3000番代

量産車として投入された編成で2007年より営業運転が開始された。Z0編成に比べ、ノーズ部分の分割線やライトの形状が異なっている。
Z編成はJR東海、N編成はJR西日本の所属。

当初のロゴ。中央に新幹線の車体が描かれているのが特徴的

N編成。山陽新幹線では、300km/h走行を行っていた

N700Aでは、東海道新幹線エリアで285km/hでの走行が可能となり、客車の振動低下も図られ、より快適に乗車出来るようになった

G編成
1000番代

F編成
4000番代

走行安定性や乗り心地の向上を図った改良型のN700A。従来よりも「進歩」(Advanced) した車両であるとしてN700Aの名称がつけられ、2013年に投入された。G編成はJR東海、F編成はJR西日本の所属。

新幹線のシルエットなどはなくなり、Aの表示が大きく目立つロゴ

客室の床や壁の構造が改良されており、車内は静音性が増している

N700Aと同等の性能を持たせるため、
Z編成を改造した車両。
見た目上の大きな違いはない

元のN700のロゴに
小さくAをプラスした

X編成
2000番代

K編成
5000番代

N700として製造されたZ編成・N編成をN700A相当の機材に改良し直し、新たにN700Aとして投入された編成。改良後は元の番代に2000がプラスされた。X編成はJR東海、K編成はJR西日本の所属。

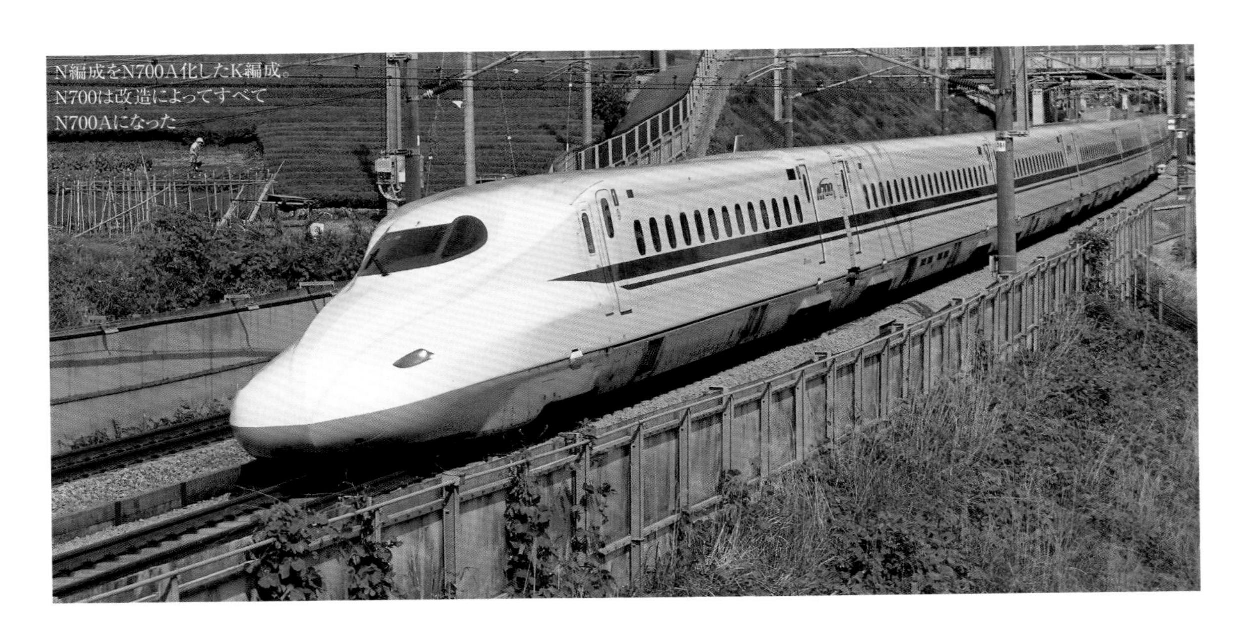

N編成をN700A化したK編成。
N700は改造によってすべて
N700Aになった

車体色は独自で、淡いブルーを帯びた白藍色に、細い濃藍の帯、周りに金のラインが入る。また、自由席は3+2列だが、指定席とグリーン席は2+2列となっている

WEST JAPAN KYUSHU

KYUSHU WEST JAPAN

JR西日本とJR九州を表すロゴ。海側と山側でロゴの順番が変わっており、それぞれ西日本と九州の位置を向くようになっている

S編成
7000番代

R編成
8000番代

山陽新幹線と九州新幹線を直通する新幹線として、2011年に投入されたN700の８両編成で、外装や内装などが東海道・山陽新幹線用と異なりカスタマイズされている。Ｓ編成はJR西日本、Ｒ編成はJR九州の所属。

九州新幹線の急勾配に対応するために、全車両がモーター車となっている

Z、X、N、K編成の普通車座席。2+3列のシート

R、S編成の普通車自由席。2+3列のシート

R、S編成の普通車指定席。2+2列のシートとなっている

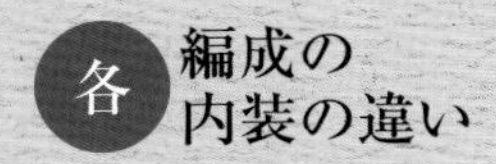

Z、X、N、K編成のグリーン車座席。2+2列のシート

R、S編成のグリーン車座席。
2+2列のほか座席幅が47.5cmと広め

車両スペック

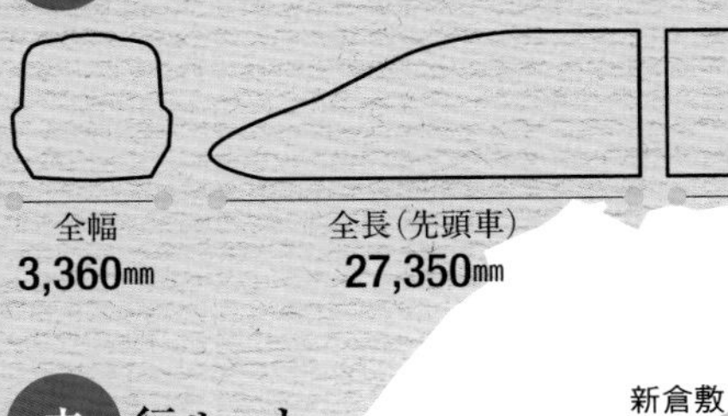

走行ルート

東京
品川
新横浜
小田原
熱海
三島
新富士
静岡
掛川
浜松
豊橋
三河安城
名古屋
岐阜羽島
米原
京都
新大阪
新神戸
西明石
姫路
相生
岡山
新倉敷
福山
新尾道
三原
東広島
広島
新岩国
徳山
新山口
厚狭
新下関
小倉
博多
博多南
新鳥栖
久留米
筑後船小屋
新大牟田
新玉名
熊本
新八代
新水俣
出水
川内
鹿児島中央

最高速度
285km/h

最高速度
300km/h

最高速度
260km/h

車両編成

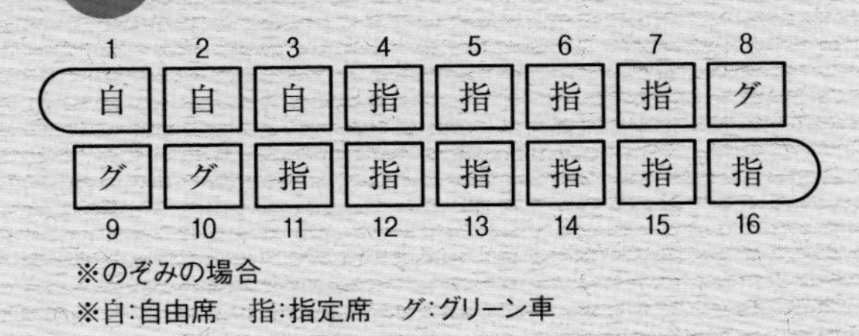

700 *Series*

新たなスタンダードを求めて
共同開発された車両

東海道・山陽新幹線用としてJR東海が開発した300系、JR西日本が開発した500系。これらの車両よりも居住性を向上させ、コストパフォーマンス良く500系に近い速度を実現するためJR東海とJR西日本が共同開発した車両。開発当初はN300と呼称されていた。東海道新幹線では270km/h、山陽新幹線では285km/hでの走行を実現している。

トンネル突入時の衝撃対策を短いノーズで行うため、先頭車はエアロストリームと呼ばれる非常に特徴的な緩やかな形状となっている。

300系で運用されていた東京～博多間の『のぞみ』から順次700系に置き換えていき、『のぞみ』の大増発を支えた。N700系の登場以降は『ひかり』『こだま』中心の運用に移ったが、2020年３月に東海道新幹線、８月に山陽新幹線でも運用が終了となった。

一方、山陽新幹線でのみ８両編成の車両が営業運転されており『ひかりレールスター』『こだま』として走行している。グリーン車はないが一部車両は２＋２列シートでゆったりしているほか、４人用の個室なども用意されている。

DATA

落成●1997年
導入●1999年3月13日
定員●1,323名（16両）／571名（8両）
材質●アルミニウム合金
編成数●16両／8両
所属●JR東海／JR西日本

先頭車のノーズが、後の量産車より
70cm短いのが特徴。またノーズ先端下部に
フックが左右各2つついている

シリーズナンバーを中心に、
新幹線のイラストが入ったロゴ

短いノーズで騒音や振動を抑える、
エアロストリーム形という独自の形状を採用

C0編成
9000番代

プロトタイプである量産先行車。この車両をベースに試験走行などを経てチューニングされ、C編成以降が開発されている。後に量産車化改造され、C1編成として営業投入されている。

営業線で試運転を行うC0編成。
写真は東京駅付近のもの

量産化改造を施されてC1編成となったもの。
1999年上旬には営業投入された

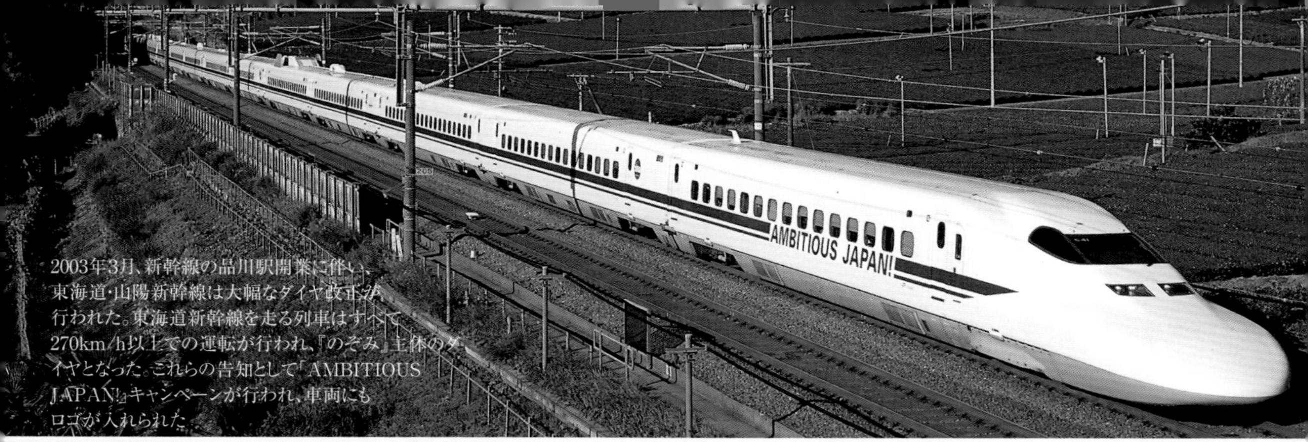

2003年3月、新幹線の品川駅開業に伴い、東海道・山陽新幹線は大幅なダイヤ改正が行われた。東海道新幹線を走る列車はすべて270km/h以上での運転が行われ、『のぞみ』主体のダイヤとなった。これらの告知として「AMBITIOUS JAPAN!」キャンペーンが行われ、車両にもロゴが入れられた

C編成はJR東海所属の編成名だが、C17編成などの一部は2012年にJR西日本に移籍した。その際、編成名は変更されずC編成のままとなり、車両下部のJRロゴのみJR西日本に変更されている

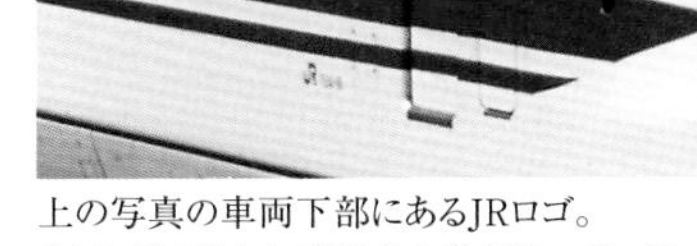
上の写真の車両下部にあるJRロゴ。オレンジではなく、西日本の青が入っている

C編成
0番代

営業用の量産化車両として1999年３月に投入された編成で、JR東海所属のもの。2020年３月８日に引退予定だったが、コロナ禍の影響で２月28日に予期せぬ最終運行となった。

東海道新幹線からの引退にあたり入れられた「700 ありがとう」ロゴ

2020年2月12日より、先頭部と車両サイドにロゴマークが入れられた

外装はC編成と大きく違いはないが、
行先表示器が方向幕ではなく
LEDになっているなど細かな違いがある

内装は全体的に落ち着いた
色合いとなっているほか、座席の仕様や、
照明カバーなども変更されている

B編成
3000番代

2001年より投入されたJR西日本所属の車両。基本的にはC編成と変わらないが、台車が500系ベースであったり、先頭車乗務員扉のわきに、JR700というロゴが入る。2020年8月に引退。

JR西日本のコーポレートカラーのロゴ。
B編成の先頭車のみに入る

老朽化してきた『ウエストひかり』の
後継的存在として登場。新大阪～博多間を
2時間59分で結び、快適に過ごせる車両が目指された。
現在では『ひかりレールスター』運用は
上り1本のみで、基本的に『こだま』で運用

『ひかりレールスター』専用車両を表し
ているロゴ

E編成
7000番代

2000年３月11日より山陽新幹線に投入された『ひかりレールスター』用の８両編成。独自のカラーリングが施されている。４～８号車は２＋２列のサルーンシート。グリーン車はなく、コンパートメント席がある。

グレー地に黒の帯、明るいオレンジの
ラインが入った独特のカラーリング

基本的には『こだま』運用の際は、
コンパートメント席は閉じられていて乗車出来ない

運転台が500系同様のキャノピータイプに
なっていることがわかる塗装

内装

C編成の普通車シート。
2+3列の構成

C編成のグリーン車シート。
2+2の構成

E編成の普通車シート。
1～3号車のみ2+3配置

E編成4～8号車のシート。
2+2配置のサルーンシートとなっている

指定席者の車端寄りの座席には、
オフィスシートと呼ばれる広いテーブルがある

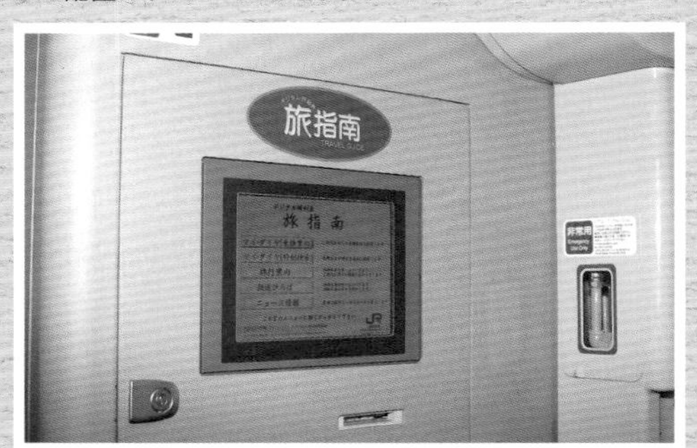

旅指南と呼ばれるデジタル時刻表。
現在は撤去されている

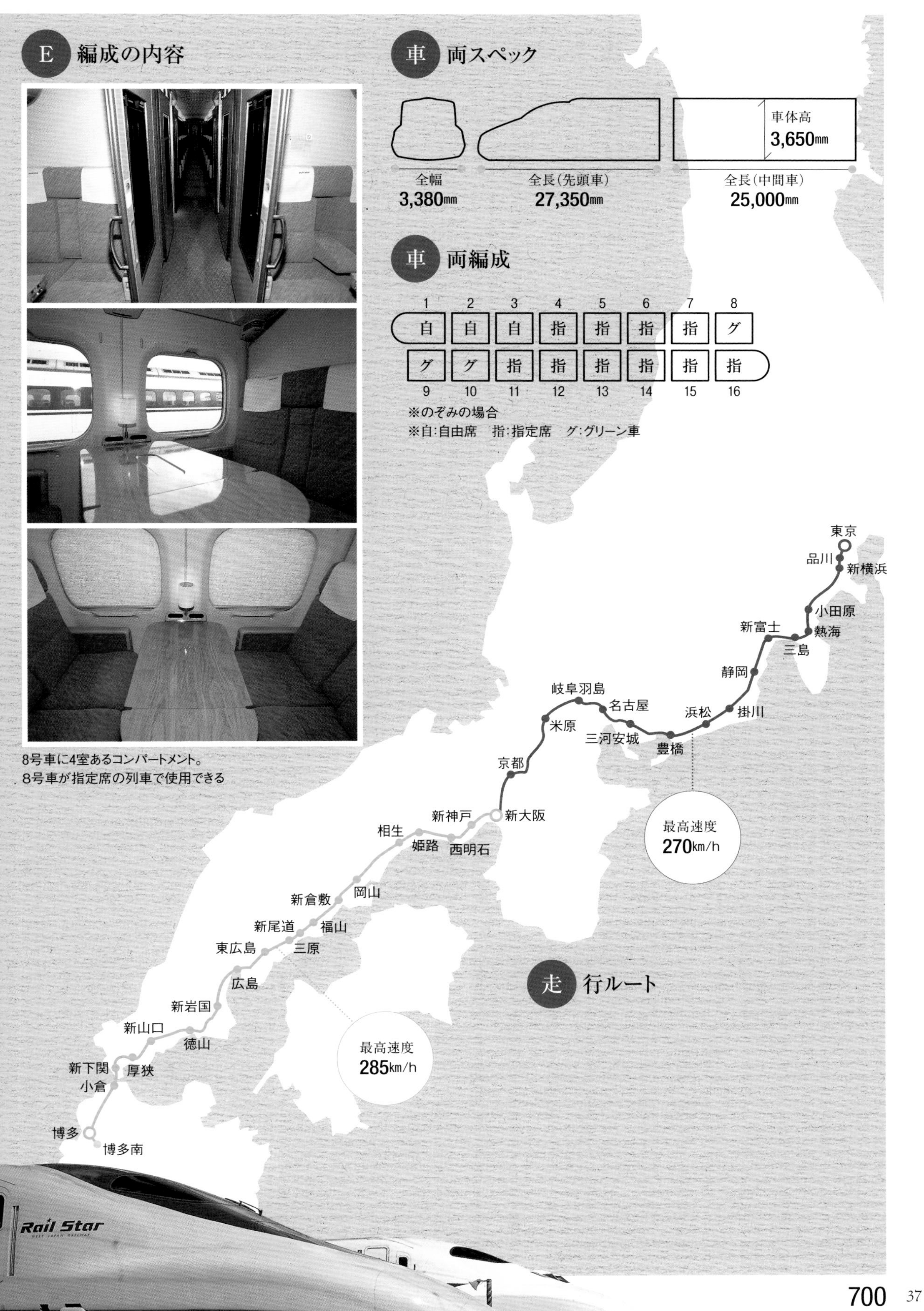
E 編成の内容
8号車に4室あるコンパートメント。
8号車が指定席の列車で使用できる
車両スペック
車体高
3,650mm
全幅
3,380mm
全長(先頭車)
27,350mm
全長(中間車)
25,000mm
車両編成
1 2 3 4 5 6 7 8
自 自 自 指 指 指 指 グ
グ グ 指 指 指 指 指 指
9 10 11 12 13 14 15 16
※のぞみの場合
※自:自由席　指:指定席　グ:グリーン車
走行ルート
東京
品川
新横浜
小田原
熱海
三島
新富士
静岡
掛川
浜松
豊橋
三河安城
名古屋
岐阜羽島
米原
京都
新大阪
新神戸
西明石
姫路
相生
岡山
新倉敷
福山
新尾道
三原
東広島
広島
新岩国
徳山
新山口
厚狭
新下関
小倉
博多
博多南
最高速度
270km/h
最高速度
285km/h
Rail Star

E5/H5 *Series*

最高速度320km/h!
最も速い新幹線

東北新幹線での高速走行を実現するため、JR東日本によって開発された車両がE5系で、同時に東北新幹線『はやぶさ』も誕生した。運用を開始した2011年３月当初は最高速度300km/hで運転されていたが、2013年３月16日より320km/hに引き上げられ、日本最速の新幹線となった。また、同時期に開発されたE6系との連結でも320km/h走行が可能となっている。

グリーン車よりもグレードの高い、グランクラスを搭載した初めての車両で、１＋２列の緩やかな座席配置、リクライニング角度45°のオール電動シート、飲食のサービスが提供されている。また高速運転時の乗り心地を確保するために、車体傾斜システムを導入しているほか、全車両にフルアクティブサスペンションを搭載して振動を軽減させている。

2016年３月、北海道新幹線の開業に伴ってE5系をベースにした新たな車両H5系が、JR北海道によって開発された。基本的な仕様はE5系を引き継いでいるが、ロゴや塗装、内装などが独自のものに変更されている。

DATA

落成●2009年（E5）／2014年（H5）
導入●2011年3月5日（E5）／2016年3月26日（H5）
定員●731名（E5／H5）→710名
材質●アルミニウム合金
編成数●10両
所属●JR東日本（E5）／JR北海道（H5）

落成直後の2009年6月のS11編成。
1～5号車が日立製作所、6～10号車が
川崎重工で製造された。『はやぶさ』の
ロゴマークはこの時点にはない

S11編成の先頭。乗務員用扉の奥にある
客用扉はプラグ仕様であまりへこんでいない

U編成の先頭。乗務員用ドアの奥にある
客用扉は引き戸になっておりへこんでいる

量産化改造を施され、U1編成となった
S11編成。先頭車のプラグドアが見分けポイント

S11/U1編成

2009年に製造された量産先行車。量産車とは先頭車の客用ドアや、台車カバーの仕様などが微妙に異なっている。後に量産化改造され、U1編成として営業運転に投入されている。

グリーンのカラーリングは
「常盤グリーン」と呼ばれ、東北新幹線を
意識したもの。サイドには「はやてピンク」
と呼ばれるラインが入っている

盛岡以南はE6系と併結で320km/h走行をする
列車もあるが、盛岡以北では単独で走行

北海道新幹線の開業により、
新青森～新函館北斗間も走行している

U編成

E5系の量産車。2011年より営業運転を開始。投入当初はE3系０番代との併結を行っていたが、現在はE6系、E8系のほか、E3系2000番代と併結を行っている。

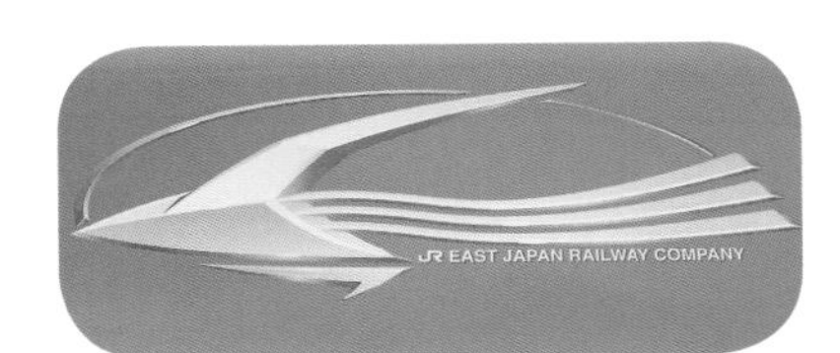

ハヤブサをモチーフにしたロゴ。
先進性とスピード感を表現

ベースとなるカラーリングは
E5系と同じだが、サイドラインは
ライラックやラベンダーなどを
想起させる「彩香パープル」

先頭車のノーズは、
ダブルカスプと呼ばれる形状

H編成

2016年より投入されたJR北海道所属の編成。カラーリングやロゴ以外にも内装など、細部がE5系とは異なっている。また全席にコンセントがついているのもH5系の特徴。

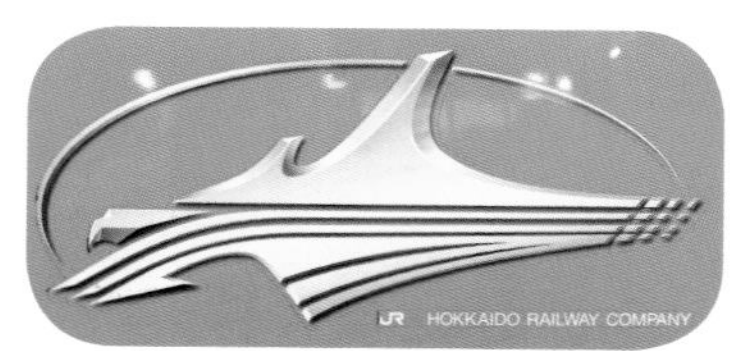

シロハヤブサと北海道の形状を
モチーフにしたロゴ

北海道に新幹線を通す計画だった
青函トンネルが、開通後28年経ってようやく実現

幌の変化

車両間をつなぐ幌の部分は、車両の製造時期で変化している。
左は落成当初の仕様、真ん中は量産車の初期、右はU28編成以降

E5系の台車

普段はカバーに隠れていて見えない、E5系の台車。
10号車グランクラスの先頭部の台車

こちらはモーターのある7号車の台車。10号車のものと異なっている

連結システム

併結して走行するために、新青森方に自動分割併合装置を備えており、盛岡駅などで連結・解結シーンが見られる

E5系の内装

グランクラス車両。
E5系で初めて搭載された

普通車座席。
2+3列のシート構成となっている

グリーン車座席。
2+2列のシート構成

E5系のブラインド。
無地のものとなっている

H5系の内装

グランクラス。
カーペット模様は湖沼や海面をイメージ

普通車座席。
床の模様が雪の結晶になっている

グリーン車。
流氷をイメージしたカーペット模様

グリーン車のブラインド。
雪の結晶がデザインされている

ドアの違い

H5系の普通車乗降ドアは、
目にも鮮やかな
萌黄色となっている

E5系の普通車乗降ドアの
カラーリングは、
ベージュっぽい色合い

車両スペック

全幅
3,350mm

全長(先頭車)
26,500mm

全長(中間車)
25,000mm

車両編成

※はやぶさの場合
※自:自由席　指:指定席　グ:グリーン車　G:グランクラス

八戸
二戸
いわて沼宮内
盛岡

走行ルート

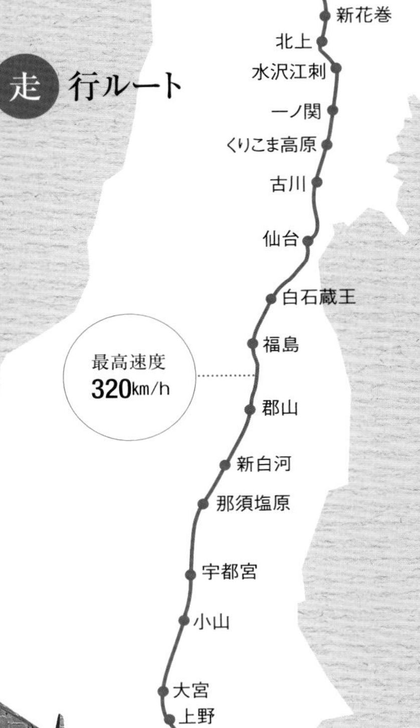

E6 *Series*

最高速度320km/hの
新在直通車両

秋田新幹線用の新在直通新幹線車両としてJR東日本が開発。秋田新幹線は線路幅を改軌しているものの規格上は在来線であり、ホームやトンネルなどは在来線サイズのままであるため、車両幅は通常の新幹線車両と比べると狭いミニ新幹線となっている。また在来線では最高速度130km/hでの走行だが、東北新幹線区間では最高速度320km/hで走行が可能となっている。

E5系と併結して320km/h走行が可能であるほか、フルアクティブサスペンションや車体傾斜システムが搭載されている。また車両幅の関係から、全席2＋2列のシート構成になっており、ゆったりと快適な乗車ができるようになっている。

2013年の登場とともに、『スーパーこまち』も誕生。当初は300km/h走行だったが、2014年に320km/h走行に引き上げられた。後にE3系による『こまち』運用が終了したため、E6系での運用は『こまち』に変更。現在では、『やまびこ』などでも運用されている。

DATA

落成●2010年
導入●2013年3月16日
定員●336名→324名
材質●アルミニウム合金
編成数●7両
所属●JR東日本

落成直後の2010年7月9日のS12編成。
一見、量産車と変わりないが、
この時点では『こまち』の
ロゴマークが入れられていない

2013年の2月、東北新幹線の
新白河〜郡山間を試運転しているS12編成

S12/Z1編成

2010年に製造された量産先行車。量産車とは外見上の差はほとんどない。後に量産化改造されて、Z1編成として営業運転に投入されている。

田沢湖線を走る量産化改造後のZ1編成。
こまちロゴが入っている

E5系と連結するため、東京方の先頭車には
自動分割併合装置が搭載されている

E5系と併結して、東京〜盛岡間の
東北新幹線区間では320km/hで走行する。
デビュー当初は300km/hでの併結走行だった

JR EAST JAPAN RAILWAY COMPANY

小野小町をイメージしたロゴ。
流れる髪は320km/hの風を表現

Z編成

量産車。2011年より営業運転を開始。新在直通のミニ新幹線で、秋田新幹線と東北新幹線で走行しているが、2018年に試運転で山形新幹線内を走行している。

奥羽本線の神宮寺〜峰吉川間では、
従来の在来線狭軌も混在する三線軌条を走る

盛岡〜秋田間の在来線区間は、
E6系単独走行。最高速度は130km/h

E6系の特徴

同時期に開発されたE5系と連結走行するために、
11号車先頭に分割併合装置を搭載。
自動でカバーが開閉するようになっている

車体間は全周幌で覆われ、下部には
車両間ダンパーも繋がれている

低騒音化を図ったパンタグラフを2基備えている。
さらに進行方向後ろ側のみを使用することで、
さらなる騒音の低減を図っている

内装

普通車自由席・指定席。
黄金色の稲穂をイメージしたシート。
2+2列シートで、シート幅が
広めでゆったり。窓側席には
コンセントを搭載

グリーン車。秋田の伝統工芸に
使われる海鼠釉と漆をイメージした
シートカラー。電動レッグレスト
を備えるほか、全席にコンセントが
設置されている

車両スペック

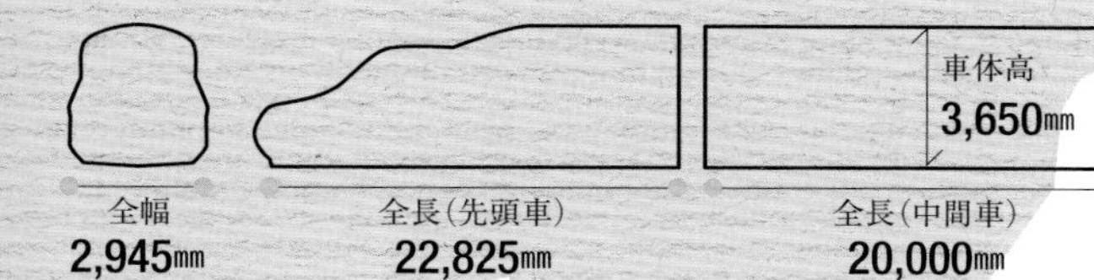

車両編成

※こまちの場合
※指：指定席　グ：グリーン車

走行ルート

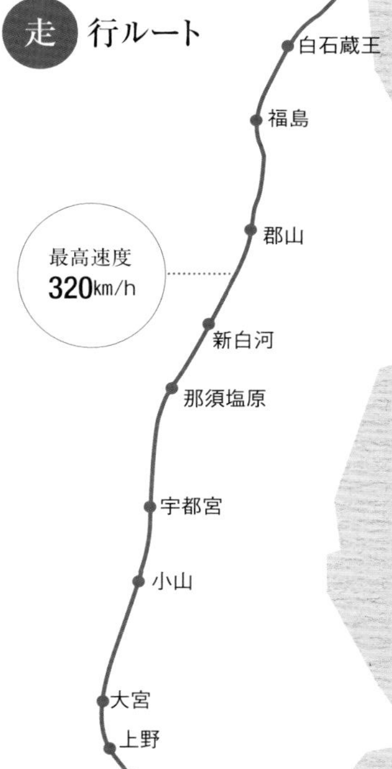

E7/W7 *Series*

和をモチーフにした
ゆったりとしたデザインの新幹線

北陸新幹線の金沢延伸に向けて開発された車両で、延伸開業前年の2014年から東京～長野間に先行導入された。JR東日本とJR西日本での共同開発車両で、JR東日本所属のものがE7系、JR西日本所属のものがW7系となっている。所属によってロゴの一部や車両形式の表示などが異なっているが、車両スペック上の違いはない。

E2系をベースに開発されており、現在の営業最高速度は275km/h。E5/H5系と同様にグランクラスが搭載されているが、シートの仕様やデッキの内装などが異なっている。

普通車を含めた全席にコンセントが搭載された初の新幹線車両であるほか、シートの肩の部分に点字で番号が入れてあるなどバリアフリーを意識した作りとなっている。

2015年10月より、大きな荷物を持った乗客が増加したことに対応し、グランクラスを除く偶数号車普通席のシートの一部が撤去され、荷物置き場を新設。さらに2021年からは奇数号車にも設置された。

2019年には、上越新幹線にもE7系が導入。E4系、E2系との置き換えが進められ、2023年には上越新幹線はE7系のみの運用となっている。

DATA

落成●2013年
導入●2014年3月15日
定員●924名→910名
材質●アルミニウム合金
編成数●12両
所属●JR東日本　JR西日本

新幹線の難所の一つ碓氷峠。
連続した30‰勾配のため、
パワーのある車両が求められる

F編成

北陸新幹線用の車両として、2014年にデビューしたJR東日本所属の編成。長野と新潟の新幹線車両センターに配置され、現在は北陸新幹線と上越新幹線で運用されている。8編成が2019年の台風で被災し廃車となった。

カラーリングは、陶磁器の柔らかい白、
銅文化の銅色、北陸の海と空の青をイメージ

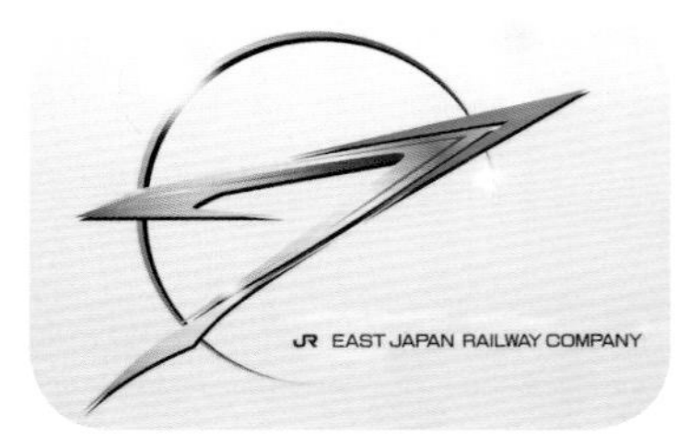

7をモチーフにしたロゴ。EAST
JAPAN～と記されている

JR E723-9

F編成の車体番号は、Eで始まるナンバーリングとなる

2019年3月16日に上越新幹線に
デビュー。その際、F21とF22編成に朱鷺色の
ラインとロゴのラッピングが施された

F21とF22編成のラッピングは、
2021年3月で終了。
以降は上越新幹線をメインにしながらも、
北陸新幹線でも運用されている

大宮駅を走行するW編成。W編成は白山総合車両所の所属。車内チャイムなどがF編成と異なる

F編成と同じに見えるが、WEST JAPAN～と記されている

W編成

北陸新幹線用の車両として、金沢延伸開業の2015年にデビュー。JR西日本所属の編成で、北陸新幹線と上越新幹線・東京～高崎間の『たにがわ』で運用されている。2編成が2019年の台風で被災し、廃車となっている。

JR W723-110

W編成の車体番号は、Wで始まるナンバーリングとなる

雪対策の側方開床式貯雪高架橋。線路間に貯めた雪を夜間に落として処理する

金沢～新高岡間を走るW編成。2023年度末には金沢～敦賀間が延伸開業の予定

内装

E7/W7のグランクラスデッキ。
E5/H5系と異なり、沿線の四季をテーマにした
飾り柱となっていて華やかな雰囲気

E5/H5系のグランクラスと異なり和をイメージ。
またフルアクティブサスペンションにより、
より振動の少ない空間となっている

和テイストの普通車座席。3+2のシート配置。
照明は、全車LEDとなっている

伝統の意匠とモダンを組み合わせたグリーン車座席。
背もたれと座面が連動するクレイドル方式を採用

車両スペック

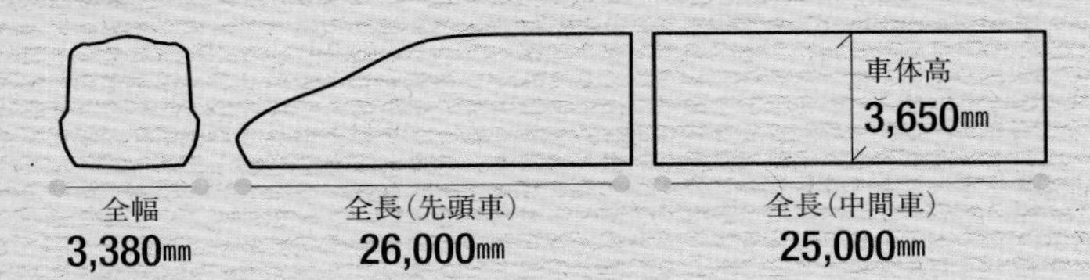

車両編成

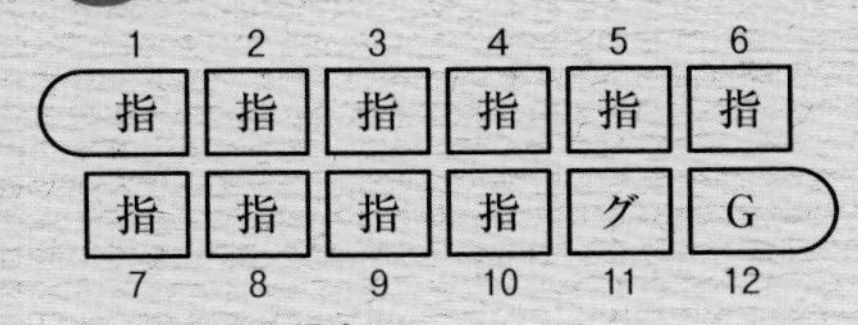

※かがやきの場合
※指:指定席　グ:グリーン車　G:グランクラス

走行ルート

最高速度350km/hを目指して開発され、日本の鉄道で初めて300km/hでの営業運転を行った車両（ただし山陽新幹線のみで、東海道新幹線では270km/h）。投入された1997年当時は世界最速で、飛行機に対する山陽新幹線の競争力を高めるために、JR西日本によって開発された。

山陽新幹線での『のぞみ』としてデビューし、新大阪～博多間を２時間17分で結んだ。後に、東京～博多間の速達型『のぞみ』としても運用されている。

非常にシャープで長いノーズと、円に近い車両断面が特徴。従来の新幹線のデザインとは大きく異なるが、これは主に、高速度でトンネル突入した際の衝撃を抑える効果を狙ったもの。反面、従来の新幹線車両に比べ先頭車の座席数が減ったほか、それを補うために座席間隔を詰めたり、車両断面に合わせ客室両サイドの天井が低くなるなど居住性が犠牲になった部分もある。

当初は16両編成だったが『のぞみ』としての運用が終了後、８両編成に改造。それに伴い最高速度も285km/hに引き下げられている。

500 *Series*

**最高速度300km/h、
シャープなデザインの新幹線**

D A T A

落成●1995年
導入●1997年3月22日
定員●1,324名（16両）／557名（8両）

材質●アルミニウム合金
編成数●16両／8両
所属●JR西日本

デビュー1年前の1996年に試運転をしているW1編成。
この時点では車両サイドにロゴが入っていない

W1編成
0番台

量産先行車。後に営業車両としても走行している。先頭車の運転席後部あたりに、すれ違い試験用のセンサー窓がついているのが外見上の大きな特徴。

運転席の左下あたりに、
丸窓が開いているのが分かる

営業運転に投入されたW1編成。
車両サイドにロゴが入れられた

従来の新幹線とは一線を
画したデザイン。運転台は航空機の
ようにキャノピータイプとなっている

W編成
0番台

W2～W9の量産車編成。16両編成で、山陽新幹線区間では、最高速度300km/hで走行した。W1編成と異なり丸窓はなく、当初からJR500のロゴが入っていた。

500と、JR西日本を示す
WEST JAPANが記されたロゴ

ノーズが15mもあるため、先頭車の
座席数は従来の車両より減った

従来の箱形の
車両と異なり、
車両断面は円に近い
形状となっている

V編成は2008年12月1日より『こだま』として運用開始。
2013年頃から4、5号車の座席が、2+2席に変更となった

8両化でグリーン車は廃止。
ただし6号車は元グリーン車で2+2席仕様

支柱の太いT字形パンタグラフから、
シングルアーム式に変更された

V編成
7000番台

16両だったW編成を８両に改造した編成。それに伴い最高速度が285km/hに変更されている。2008年より順次、W2～W9がV2～V9に改造された。

メカニックデザインの山下いくと氏がデザインし、
庵野秀明監督が監修。アニメ放送開始20周年+山陽新幹線
全線開業40周年のコラボ企画だった

車両のサイドには
『500 TYPE EVA』のロゴが入る

500 TYPE EVA
V2編成

アニメ『新世紀エヴァンゲリオン』とタイアップした車両でV2編成を改装。外装だけではなく、内装まで大きく変更されている。2015年11月7日に登場し、2018年5月13日で運行を終了した。

新大阪～博多間を
1日1往復で運用されていた

1号車は物販や沿線紹介のある
「HELLO PLAZA!」を展開

2号車は世界観を表現した
「KAWAII ROOM」。
それ以外は通常の内装だ

ハローキティ新幹線
V2編成

サンリオとコラボした車両。2018年6月30日より運転が開始された。全体的にピンクリボンをモチーフにしており、各車両には沿線の府県をイメージしたご当地キティが描かれている。

各編成の内装の違い

W、V編成の普通車座席。2+3列シート

グリーン車座席。2+2列シートの構成。
現在は指定席車両として使用されている

V編成の8号車には、
お子様向け運転台が装備されている

車両スペック

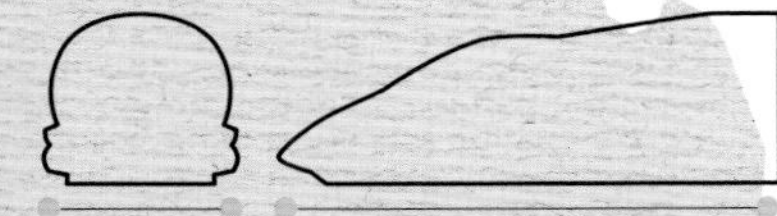

全幅
3,380mm

全長(先頭車)
27,000mm

全長(中間車)
25,000mm

車両編成

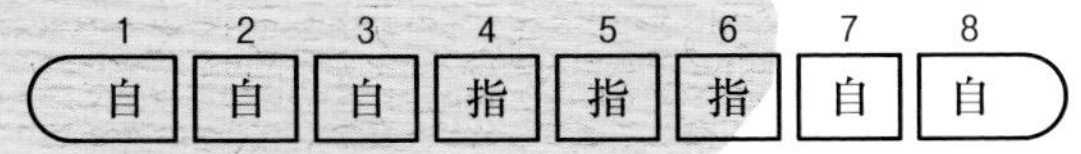

※V編成こだまの場合
※自:自由席　指:指定席

500 TYPE EVAの2号車。
ブラインドがATフィールド模様に
なっているほか、シートやフロアも
カスタマイズされていた

500 TYPE EVAの
1号車。実物大の
コクピットがあった

走行ルート

東京
品川
新横浜
小田原
熱海
三島
新富士
静岡
掛川
浜松
豊橋
三河安城
名古屋
岐阜羽島
米原
京都
新大阪
新神戸
西明石
姫路
相生
岡山
新倉敷
福山
新尾道
三原
東広島
広島
新岩国
徳山
新山口
厚狭
新下関
小倉
博多
博多南

最高速度
270km/h
(運転終了)

最高速度
285km/h(V編成)
300km/h(W編成)

800 *Series*

和テイストによる
豪華内装の新幹線

JR東海とJR西日本の協力のもと、JR九州によって開発された九州新幹線専用の車両。６両編成で最高速度は260km/h。ベースとなった車両は700系だが、急勾配区間の多い九州新幹線のためにパワーが必要とされ、全車両がモーター車となっている。

デザインはJR九州の車両を数多く手がける工業デザイナーの水戸岡鋭治氏が手がけており、大きな目のように見える縦三列のヘッドライトなど従来の新幹線にないデザインが特徴。内装も同じく氏が手がけており、西陣織のシートカバー、鹿児島産サクラ材のブラインド、いぐさののれんなど、九州の生産品を活用した和テイストのものとなっている。

６両編成のためかグリーン車はないが、全席２＋２列のゆったりしたシート配置になっている。

DATA

落成●2003年(800系)／2009年(新800系)
導入●2004年3月13日(800系)／2009年8月22日(新800系)
定員●392名→384名(800系)／384名(新800系)
材質●アルミニウム合金
編成数●6両
所属●JR九州

0番代では、サイドに入っている
赤のラインが、先頭車の端まで
まっすぐストレートに描かれている

U編成
0番代

九州新幹線の部分開業（新八代～鹿児島中央間）に合わせて開発された800系の初期タイプ。2003年と2005年に投入された。ヘッドライトが鋭角気味なほか、車両サイドには『つばめ』のロゴが入っている。

『つばめ』のみでの運用だったため、
専用のロゴが入れられた

国鉄時代の特急『つばめ』の
ヘッドマークを模したロゴ

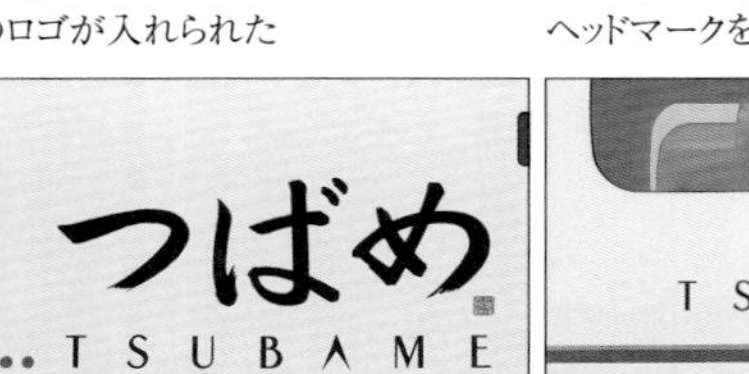

乗降ドア付近に入れられた、
車両号車表示と大きめのロゴ

車両サイド中間には、
シンプルなロゴが入れられた

当初は山陽新幹線との乗り入れも
視野に入れて開発された

九州新幹線全線開業に伴い、
800系は『つばめ』以外にも運用されることと
なったため、混乱を避けるために
新たなロゴに変更された

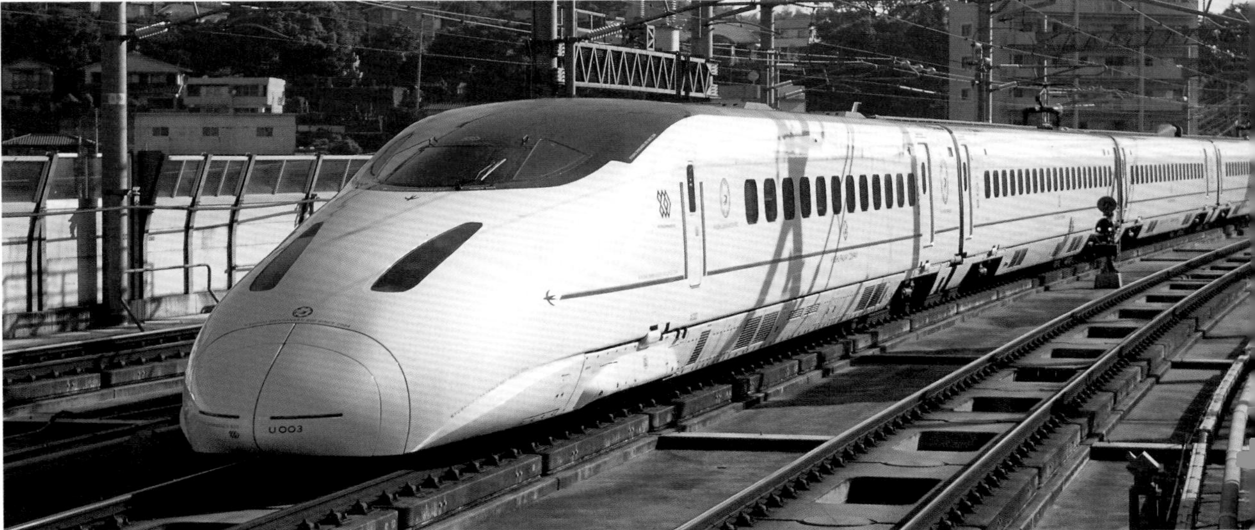
新たなロゴタイプは1000番代、
2000番代とともに、
2011年3月までに変更された

U編成
0番代(新塗装)

2011年の九州新幹線の全線開業に向けて、0番代の塗装が一部リニューアルされた。ドア周りや車両中央にあった『つばめ』ロゴはなくなり、「KYUSHU SHINKANSEN 800」というロゴタイプに変更された。

新たなロゴが作られたが、
つばめの意匠が残された

ロゴはもう1タイプあり、
800をデザイン化したものもある

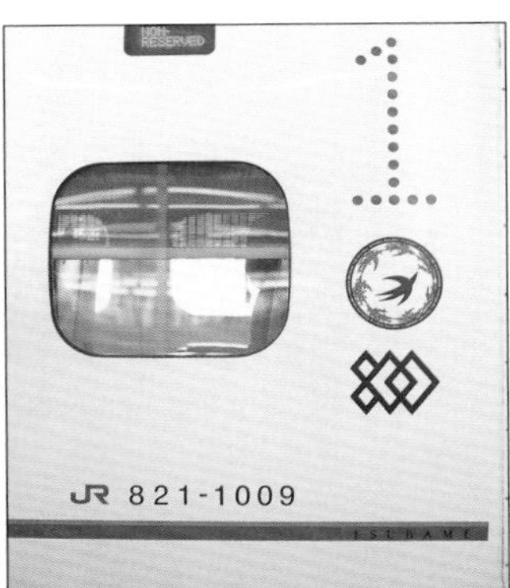

車両号車表示の部分。
こちらも新しいロゴタイプに変更になった

サイドの赤帯が0番代と異なっており、先頭車の端では波を描き、3号車、5号車のドア横ではループを描いている

U編成
1000番代

九州新幹線全線開通に向けて増備された車両。0番代とはデザインが少し変わり、ヘッドライトの角が丸くなり少し盛り上がったドーム状となったほか、内装も大きく変更。他に、軌道関係の検測機器を搭載している。

1000番代は2編成。2009年にU007、2010年にU009が投入された

1号車と3号車は軌道関係の検測機器を搭載。写真は台車の軌道変位検測装置

5号車にあるパンタグラフ付近の屋根には、投光器やカメラなどの架線検測装置が搭載されている

U編成
2000番代

1000番代と同じデザインの車両。1000番代と大きく異なるのは、軌道関係の測定機器ではなく、電力や信号通信関係の測定機器を搭載した点。それ以外の違いはない。

2000番代はU008の1編成のみ。1号車、3号車、6号車に通信系の測定装置が搭載可能

内装の違い

0番代の1号車4号車シート。
色味は桜色＋緑青

0番代の2号車6号車シート。
色味は柿渋色＋瑠璃

0番代の3号車5号車シート。
色味は楠色＋古代漆

1000番代、2000番代の1号車シート。
市松模様の西陣織

1000番代、2000番代の2号車シート。
ワインレッドの革張り

1000番代、2000番代の3号車シート。
カーマインのツイード

1000番代、2000番代の4号車シート。
アイビー柄のゴブラン織

1000番代、2000番代の5号車シート。
オレンジのツイード

1000番代、2000番代の6号車シート。
赤のアイビー柄の西陣織

全車共通で、
ブラインドはサクラ材

1000番代、2000番代では、車内妻側に
本物の金箔が貼られている車両がある

いぐさの縄暖簾が
洗面所にかけられている

800系の特徴

広々としたデッキ。全体的に
ゆったりとした空間デザインがされている

車両スペック

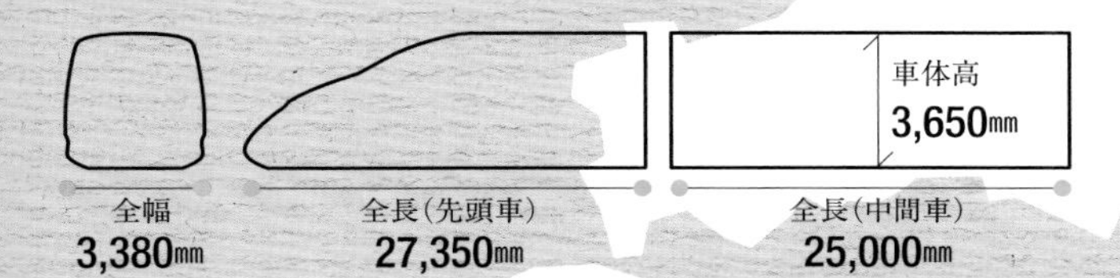

走行ルート

車両編成

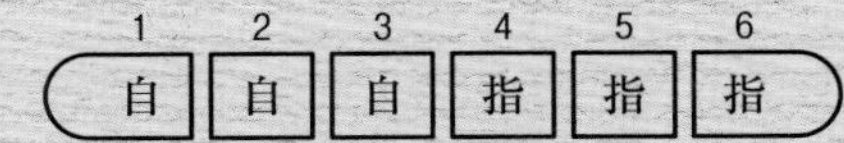

※さくら、つばめの場合
※自:自由席　指:指定席

E3 *Series*

バリエーションの豊かな新在直通車両

1995年当時、新たに開業する秋田新幹線用の車両として開発。秋田新幹線は在来線を新幹線の線路幅に改軌したミニ新幹線規格のため、駅ホームやトンネルなどは在来線の幅の車両しか通れない。このため、新幹線と在来線を直通できる新在直通車両となっている。東北新幹線区間では275km/h、在来線区間では130km/hで走行可能。1997年の開業デビュー時は5両編成だったが、需要の増加に応じて6両編成化した。

1999年に山形新幹線が新庄まで延伸した際に、『つばさ』用として新たに7両編成のE3系1000番代が導入された。現在では、秋田新幹線はE6系に置き換わっており、E3系1000番代、2000番代が山形新幹線の車両として運用されている。

また主に山形新幹線内で運用された足湯のついた観光列車『とれいゆつばさ』や、上越新幹線内だけで運用された『現美新幹線』にもE3系が使われたが、2022年現在いずれも運用が終了している。

DATA

落成●1995年
導入●1997年3月27日
定員●338名→406名(5→6両)／402名·394名(7両)

材質●アルミニウム合金
編成数●5両／6両／7両
所属●JR東日本

TSUBASA

E2系S7編成と併結しての
試運転を行うS8編成。
どちらも秋田新幹線の開業に向けて
準備が進められた車両だ

S8編成

試験用の量産先行車。先頭車が全体的に丸みを帯びているのが大きな特徴。またライトも左右で1灯ずつで、運転席の下に近い部分に設置されている。後に量産化改造されてR1編成となった。

形式名を入れたロゴ。
S8編成の時のみ入れられた

全体的に丸っこい雰囲気。
400系とも近い感じがある

東京方の1号車には、
自動分割併合装置が内蔵されている

改軌され、ミニ新幹線車両が
走行できるようになった
在来線・田沢湖線を走るR編成。
車両サイドに『こまち』のロゴが入った

角張った印象のデザインに変更となった
先頭車。ライトの形状も大きく異なる

200系と連結して走行する様子。
ほかにE2系やE5系とも連結した

R編成
0番代(5両)

量産車で、秋田新幹線『こまち』用の車両として製造された。5両編成で、1997年より投入された。R2〜R16編成があったが、現在はそのすべてが引退している。

当初『こまち』
専用の運用だったため、
ロゴが入れられていた

最初に落成した量産車のR2編成。
1996年12月の試運転中で、ロゴが一切入ってない

併結する東北新幹線は
変わらずの8両編成だが、
『こまち』だけが開業から2年
経たないうちに6両編成となった

R編成
0番代(6両化)

５両編成で製造されたＲ編成（R2～R16）と、元S8編成のR1編成のすべてが、６両編成に増車された。これは秋田新幹線の需要の高まりに応じたもので、1998年に行われた。

『こまち』運用は2014年3月14日で終了。
「ありがとうこまち」のステッカーが貼られた

増結の都合でパンタグラフのないガイシカバーが1つ出来、ガイシカバーが3つに

E5系と併結して走るR編成。
R18～R26編成は2000年から
2005年にかけて製造され、東北新幹線の
増結車としても運用された

R編成
0番代(6両)

製造時点から６両編成で登場した編成で、1998年以降に導入された。外見上に大きな違いが２つあり、パンタグラフのガイシカバーが２つとなったほか、先頭車運転台に補助ワイパーが装備された。

5両編成車と同じ番代だが、先頭車のワイパーが1本から2本に増えており(片側は補助ワイパー)、一目で違いが分かる

山形新幹線『つばさ』には、
400系が専用で走っていたが、
ここから徐々にE3系が
投入されていくこととなった

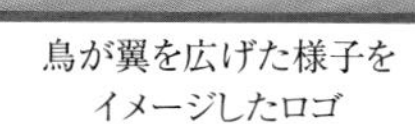

鳥が翼を広げた様子を
イメージしたロゴ

L編成
1000番代

1999年の山形新幹線新庄延伸時に、新たに『つばさ』用として投入された７両編成の車両。シルバーをベースカラーに、グリーンのラインが入ったカラーリングが特徴。L51～L53の３編成のみ。

見た目は、R編成6両とのカラーリング別という感じ。
東京方先頭車に併結機構がある

E4系と併結して走行するL51編成。
新庄延伸時に投入されたのはL51とL52の2編成

2000番代はL61～L72の
12編成が製造され、順次投入。
16～17号車のシートピッチが
910㎜から980㎜へ変更されている

L編成
2000番代

山形新幹線の主力だった400系の引退と入れ替わりに、2008年から投入された車両。1000番代とはヘッドライトの形状のほか、サスペンション、グリーン車や普通車窓側席へのコンセント設置などさまざまな変更がある。

一番わかりやすい違いは、
ヘッドライトの形状で
従来と上下左右が逆の形

写真のL54編成は1000番代の車両だが、元は0番代R25編成をメインに、R24編成を加えた改造車。L55編成も同様にR編成の改造車だ

L編成
1000番代（新塗装）

2014年から2016年にかけて山形県の鳥「おしどり」と県花「べにばな」をイメージしたカラーリングに変更。同時期にL51、L52編成が廃車となり、新たにR編成を改造したL54、L55編成が加わった。

サイドには桜とふきのとう、稲とりんご、紅花とさくらんぼ、雪と樹氷などのマークも入る

新塗装第1号は2000番代のL64編成で、
4月26日から運用が開始された

スノーシェッドをまたぐ車両。
豪雪地帯を走るのもE3系の特徴

車両の海側と山側で、車両サイドに
入るマークの種類が違っている

L編成
2000番代（新塗装）

1000番代と同じく2014年から2016年にかけてすべての車両が新塗装に変更された。2000番代はL61～L72編成の12編成がある。

「月山」のグリーン、「最上川」のブルー、つばさのグリーンをイメージしたカラーリング。円弧は沿線の山々を表している

とれいゆつばさ
R18編成

新幹線初のリゾート列車として、2014年に登場した６両編成の車両。お座敷指定席や、足湯などが設置されている珍しい車両。主に福島～新庄間で運用されていたが、2022年に引退した。

紅花、洋梨、将棋のコマなど特産物を詰め込んだロゴ

『こまち』で使われていたR18編成を改造して新幹線初のリゾート列車に

2019年4月に車内設備などを一部リニューアルしている

一見真っ黒に見えるが、
地色はミッドナイトブルー。
外観は長岡花火を
モチーフにしたアート作品

現美新幹線
R19編成

2016年に登場した、現代美術を車両の内外で展示・表現した新幹線。６両編成で、各車両で異なるアーティストの作品を展示。主に上越新幹線の越後湯沢～新潟間で運用されたが2020年に引退。

土日休を中心に1日3往復が
基本的な運用。旅行企画商品として
仙台や上野、東京まで
乗り入れたこともあった。
キャッチは「世界最速の美術館」

と れいゆつばさ

16号車に設置されている足湯。
足湯利用券を購入すると、
一人15分間の利用が可能

1＋2列シートの指定席は、シートの座面が
畳になっているお座敷仕様。また、各座席の前には
カバ材のテーブルが設置されている。

15号車にあるバーカウンター。
地酒やフルーツジュースなど山形の地のものを販売

15号車の「湯上りラウンジ」。
広い畳敷きになっているためくつろげる

現 美新幹線

指定席となっている11号車。
「五穀豊穣」「祝祭」「光」を
コンセプトとしたインテリア

12号車は、片側が鏡面ステンレスに
なっており、車窓に広がる新潟の景色が
ダイナミックに映し出される

13号車はキッズスペース。
新潟をテーマにしたカフェも
設置されている

14号車は片側の壁一面に
写真が飾られている

15号車は、可動する
モービルによるアート作品

16号車は片側にモニターが設置され、
映像作品が上映されている

内装

R編成の普通車自由席。
2+2列シートとなっている

R編成の普通車指定席。
2+2列シートとなっている

R編成のグリーン席。
ゆったり目の2+2列シート

L編成1000番代の普通車指定席。
2+2列のシート

L編成1000番代のグリーン席。
2+2列のシート

L編成2000番代の普通車指定席。
2+2列のシート

L編成2000番代のグリーン席。
2+2列のシート

車両スペック

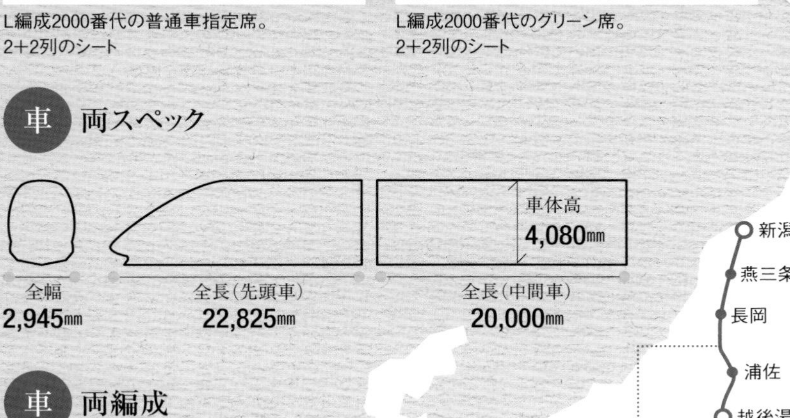

車両編成

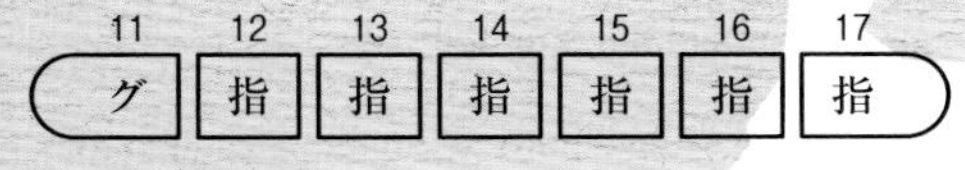

※つばさの場合
※自：自由席　指：指定席　グ：グリーン車

走行ルート

E2 *Series*

様々な場所で活用される
ユニバーサルな新幹線

急勾配があるうえ途中で電源周波数が変化する北陸新幹線、ミニ新幹線と併結しつつ275km/hでの運転が求められる東北新幹線。これらすべてのオーダーに応えられるユニバーサルな車両として開発された、JR東日本の新幹線標準型車両。

北陸新幹線への投入が想定されたN編成（８両）と、東北新幹線への投入が想定されたＪ編成（８両）が開発されたが、Ｊ編成はほぼ区分なく東北・上越・北陸新幹線で運用された。Ｊ編成10両化後および、2002年に登場したＪ編成1000番代は北陸新幹線に対応しておらず、東北・上越新幹線のみの運用となっている。

北陸新幹線での運用（東京～長野間のみ）は2017年３月31日で終了し、上越新幹線での運用も2023年３月で終了した。東北新幹線、上越新幹線、北陸新幹線というJR東日本エリアの各線を定期運用で走行したのは、E2系と200系のみとなっている。

D A T A

落成●1995年
導入●1997年3月22日
定員●640（8両）／825名・814名（10両）

材質●アルミニウム合金
編成数●8両／10両
所属●JR東日本

S6編成。主に北陸新幹線での使用を想定した車両で8両編成。長野方の先頭車に併結機構を備えていない点以外はS7編成と同じ

S6編成 S7編成

８両編成の量産先行車。東北・北陸新幹線両対応で、50Hz/60Hzの電源周波数の違い、碓氷峠付近の急勾配向けのブレーキシステムなどを搭載している。S7編成は主に東北新幹線での運用を意識され併結機構を備えているが、S6編成には併結機構がない。

S7編成の東京方先頭車(1号車)。分割併結機構はなく、S6編成と変わらない

S7編成の盛岡・長野方の8号車。分割併合装置を備えている

E3系と併結して、東北新幹線を試験走行するS7編成

量産化改造されて、N1編成になった
元S6編成。写真は、北陸新幹線『あさま』
として運行しているところ

元S7編成のJ1編成。こちらも北陸新幹線
『あさま』に投入されている（1999年）

2002年、J1編成は分割併合装置を
持ったままN21編成に改番となった

N1編成
J1編成

S6編成、S7編成それぞれは試験走行を追えたあと、1997年に量産化改造をされて営業運転に投入された。その際、S6編成はN1編成に、S7編成はJ1編成へと名称が変更された。

完成したばかりの北陸新幹線・
安中榛名～軽井沢間を試運転する
N7編成。写真は開業を
翌年に控える1996年11月14日

N編成
0番代

1997年10月の北陸新幹線（東京～長野間）開業に向けて準備された編成で８両編成。上越新幹線でも運用された。併結機構はない。量産先行車とはノーズ形状がやや異なる。2018年にすべての車両が引退している。

N編成で最後に落成したN13編成は、
E2系北陸新幹線引退の最後まで走った車両

北陸新幹線からの引退前、E2 Asamaと
描かれたロゴマークがつけられた

E3系R編成『こまち』と併結して、
東北新幹線を走行するJ編成。
写真は秋田新幹線開業直後の1997年3月25日

J編成
0番代

1997年３月22日の秋田新幹線開業と同時にデビューした８両編成。ミニ新幹線との併結機構を搭載している。主に東北新幹線のために製造された車両だが、上越や北陸新幹線でも運用された。

北陸新幹線を走行するJ編成。
このほか上越新幹線も走った

併結装置を備えた200系K編成と
すれ違うJ編成。しばらくは2大主力となる

上越新幹線を走る10両編成の
『たにがわ』。パンタグラフカバーで、
0番代だというのがよく分かる

10両化工事の際、一部の編成では
N編成と中間車のトレードが行われた

10両化で増車したE225形100番代。
1000番代同様窓が大きい。プラグドアが引き戸に

J編成
0番代(10両)

東北新幹線の需要増加に伴い、J編成0番代は2002年より10両編成に改造が施された。同時期に投入されたJ編成1000番代とデザインを合わせるため、中央に走るラインは赤からつつじピンクとなり、ロゴマークも変更された。

当初から10両で製造されたJ52編成。ちなみに1つ前のJ51編成は1000番代だが8両で落成し、ラインも赤だった。後に10両化しつつじピンクに変更された

J編成
1000番代

東北新幹線の八戸延伸が迫り、増加する車両需要に応えるため、東北新幹線用10両編成として2002〜2005年と2010年に投入。電源周波数変換装置や急勾配対応がされていないため、北陸新幹線には乗り入れ出来ない。

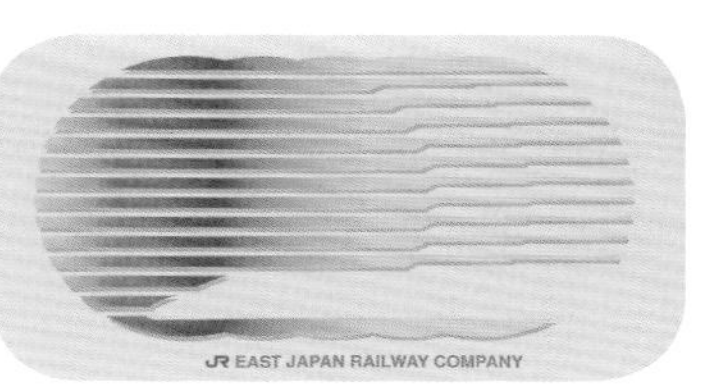

りんごイメージに新幹線のシルエットが入った新ロゴ

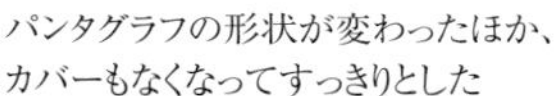

パンタグラフの形状が変わったほか、カバーもなくなってすっきりとした

J70〜J75編成のみ、E5系に近い車内装備で、普通車窓側席とグリーン席にコンセントがつく

200系を倣ったクリーム10号
+緑14号の塗装が施された。
屋根の銀色と、雨樋の緑14号は
再現されていない

東北新幹線を走行するJ66編成。
単独での走行以外に、
E3系と併結して走行することもある

J66編成
200系カラー

2022年の鉄道開業150周年記念、および東北・上越新幹線開業40周年記念として、J66編成（1000番代）に200系新幹線の塗装を施したもの。６月に登場し、2024年３月まで東北・上越の各新幹線で定期運行した。

各編成の内装の違い

1000番代の奇数号車・普通車シート。
2+3列となっている

同じく1000番代の偶数号車・普通車シート。
奇数号車と、モケットの色が異なる

1000番代のグリーン車シート。2+2列となっている

走行ルート

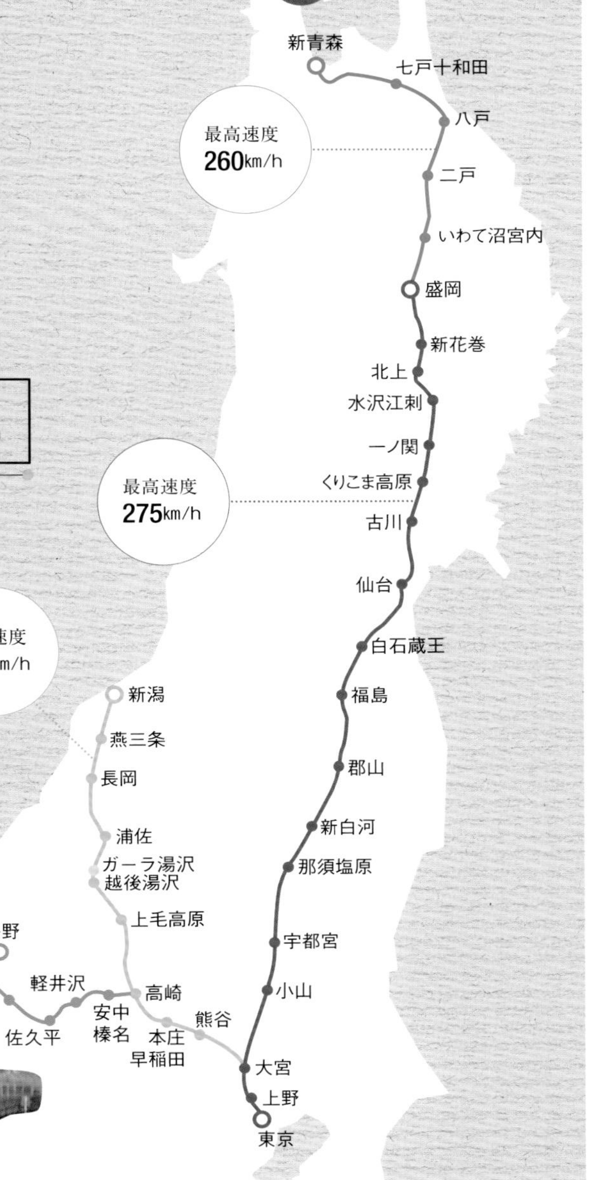

車両スペック

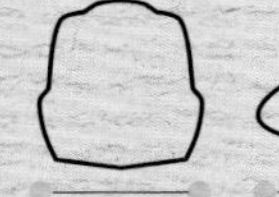

全幅	全長（先頭車）	全長（中間車）	車体高
3,380mm	25,700mm	25,000mm	3,700mm

車両編成

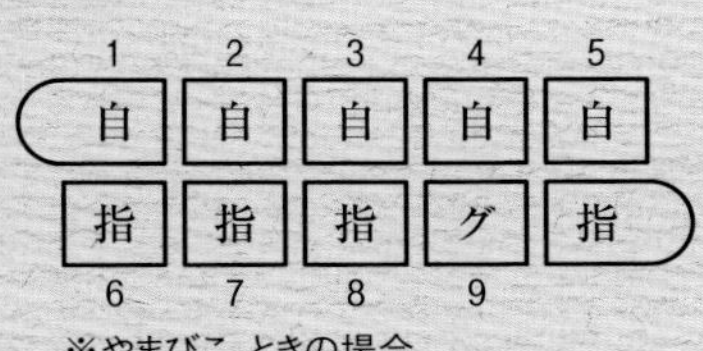

※やまびこ、ときの場合
※自：自由席　指：指定席　グ：グリーン車

メンテナンス!

maintenance

営業車両

〜引退〜

E4 *Series*

一気に大量の乗客を運ぶ
2階建て新幹線

高速列車の定員としては世界最大の1634名を一挙に運ぶ輸送能力を持つ車両。これを実現するためオール二階建てになっているほか、普通車自由席の２階では３＋３列シートを採用し、一部車両のデッキ部分にはジャンプシートと呼ばれる補助席が装備されている。一方で閑散期には、16両編成を解結して８両編成としてロスなく運用できるようになっている。前身となるE1系より定員を約400名増やしたほか、ウィークポイントも解消できる車両となっている。

同じ２階建て車両であるE1系とは先頭車形状が大きく異なっており、空力特性が考慮されたロングノーズが採用されているが、最高速度はE1系と同じ240km/hにとどまっている。

東北・北陸・上越新幹線のそれぞれで運用されていたが、2003年９月に北陸新幹線、2012年７月に東北新幹線、2021年10月に上越新幹線の定期運用を外れた。2021年10月17日に引退した。

DATA

落成●1997年
導入●1997年12月20日
定員●1634名（16両）

材質●アルミニウム合金
編成数●16両／8両
所属●JR東日本

登場時の塗色は上が飛雲、下が紫苑、
センターに山吹のカラーリングとなっていた

当初のロゴはE1系のMaxロゴを
アレンジしたような形

P編成

基本は８両編成。５号車には売店、６号車には定員12名のミニ客室、２階に車イスや販売用ワゴンを上げるエレベータがついているなど、独特の造りをしている。

デビューは1997年12月の東北新幹線で、1999年から400系やE3系『つばさ』と併結を開始、2001年５月より上越新幹線での運用を行っている。

自動開閉カバー式の連結器。
E4系以外に、E3系などとも
連結して走行可能

緩やかな形状の先頭車。
主に騒音対策を考慮していた

北陸新幹線対応車両として、
2001年に登場。P51編成は1月、
P52編成は2月に落成している

P編成
P51/P52/P81/P82

2001年７月からの北陸新幹線への乗り入れのため、碓氷峠での急勾配に対応した編成。このうちP81とP82編成では、東西電源周波数50/60Hzの変更（軽井沢～佐久平間）に対応しており軽井沢以遠にも乗り入れが可能となっている。

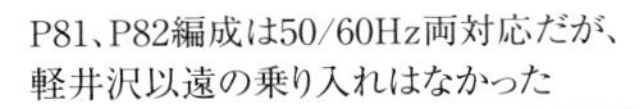
P81、P82編成は50/60Hz両対応だが、
軽井沢以遠の乗り入れはなかった

朱鷺のイラストが大きく入り、
Maxの文字は小さくなった

P編成
新塗装

2014年の新潟ディスティネーションキャンペーンに合わせて、E1系同様の塗装へ変更。センターのラインが朱鷺色に、ロゴも朱鷺をまとったものとなった。塗装は一気に行われたわけではなく順次変えられたため、旧塗装の車両との連結編成なども見られた。

旧塗装と新塗装が混成した
編成は2016年頃まで見られた

2021年10月の引退に向けて、
3月11日よりラストランキャンペーンが開始

『Maxたにがわ』が最後の定期運用。
Maxの名称も同時に終了となる

車両の側面には、
専用のLAST RUNロゴが入れられた

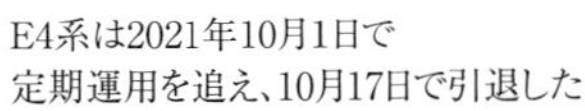

E4系は2021年10月1日で
定期運用を追え、10月17日で引退した

内装

2階席の普通車シート。
2+3列になっている

1階席の普通車シート。
2+3列になっている

2+2列のグリーン車シート。
2階席部分にある

普通車自由席のシート。
3+3列の転換クロスシートで向きが変わるだけ

デッキ部分にあるジャンプ式の補助シート

5号車にあった売店。
スキーシーズンなどに
車内販売に代わって
営業されることがあった

特殊装備

2階にあるグリーン車向けに車いす
対応のエレベーターが装備されている

車内販売のワゴンを2階席に上げるため、
階段の中心にリフトが装備されている

車両スペック

全幅
3,380mm

全長（先頭車）
25,700mm

全長（中間車）
25,000mm

車体高
4,485mm

車両編成

	1	2	3	4	5	6	7	8
2F	自	自	自	自	指	指	グ	グ
1F	自	自	自	自	指	指	指	指

	9	10	11	12	13	14	15	16
2F	自	自	自	自	指	指	グ	グ
1F	自	自	自	自	指	指	指	指

※Maxとき、Maxたにがわの場合
※自:自由席　指:指定席　グ:グリーン車

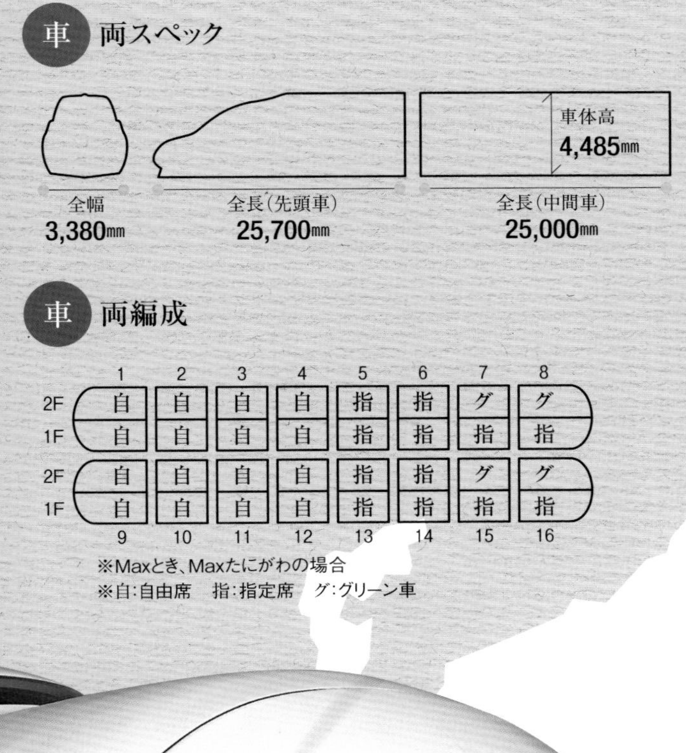

走行ルート

E1 *Series*

初のオール2階建て新幹線

DATA
落成●1994年
導入●1994年7月15日
定員●1,235名
材質●普通鋼
編成数●12両
所属●JR東日本

新幹線初の全車二階建て車両としてJR東日本によって開発された。大量の乗客を輸送することが目的で、東北・上越新幹線での通勤・通学需要の増加に応えるために投入された。当時主流だった200系12両編成と比べて、４割増の定員数1235名を確保している。そのため、普通車自由席には３＋３列のシートが登場している。

車両コンセプトは、外装はグランド＆ダイナミック、内装はハイクオリティ＆アメニティとされている。愛称として『Max』と名づけられているが、これはMulti Amenity eXpressの略。様々な快適性のある特急列車との意味合いがある。

本来この車両には600系が命名される予定だったが、JR東日本では命名ルールを変更しE1系とされた。このため600系という名称は新幹線車両から欠番になっている。以降、JR東日本開発の新幹線車両には、頭文字にEのアルファベットがつく形に変更されている。

1994年７月15日にデビューし、2012年９月29日に営業運転から引退した。

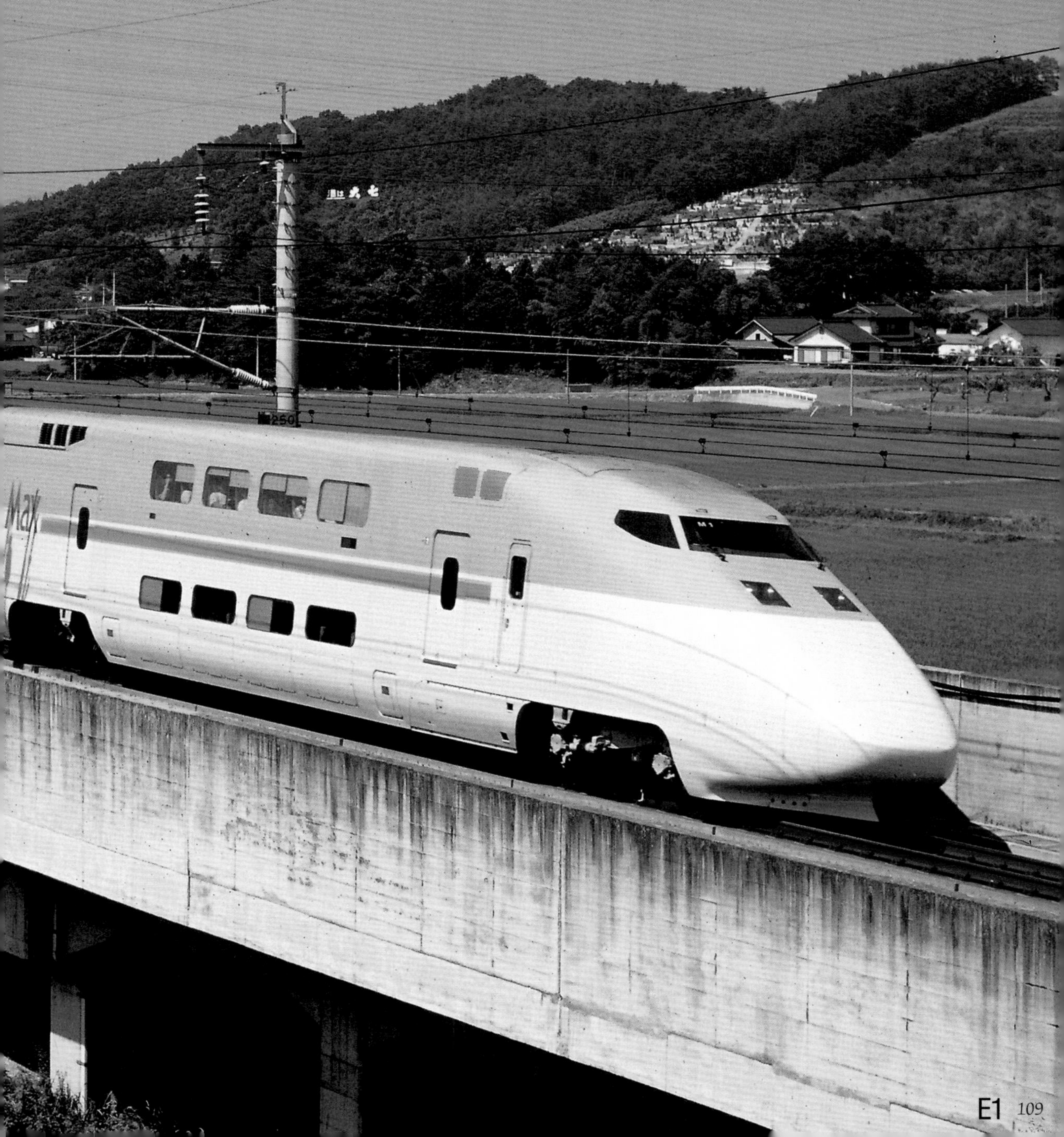

塗色は、上がスカイグレー、下がシルバーグレー、帯色はピーコックグリーンとなっていた

登場時は、形式名と2階建て新幹線を意味するDDSの組み

M編成
試験走行

営業運転少し前の1994年３月に登場したときの編成。この時点ではM1編成とM2編成の２編成のみとなっている。後の愛称となる『Max』のロゴはこのときはまだなく、２階建てを表すDDSと形式名を表すE1のロゴは入っていた。

上下階を分けるような位置に帯が入れられていた

試運転中のM1編成。最初に製造されたのはM1編成とM2編成の2編成のみだった

営業運転を行うM1編成。車両サイドのロゴは、Maxに書き換えられた

「Multi Amenity eXpress」を表す「Max」をロゴに

M編成

1994年７月より東北新幹線および上越新幹線での営業運転に投入。新たに『Max』のロゴが入った。当初はM1とM2の２編成のみだったが、1995年にM3～M6の４編成が追加された。その後、E4系が投入されたことから、1999年12月で東北新幹線での運用が終了した。

先頭車はエアロダイナミックノーズと呼ばれる形状。運転台はキャノピータイプ

塗色が変更になり、印象がガラッと変わった。
写真のM6編成は最後に落成した車両

M編成
リニューアル

東北新幹線の運用終了後は上越新幹線でのみ運用されていたが、登場より約10年経ったことから2003年より順次リニューアルが行われた。塗装も変更され、E2系と同様のベースカラーに、センターのラインを朱鷺色とし、Maxのロゴには朱鷺があしらわれた。

新ロゴは、元のデザインに朱鷺を加えたアレンジがされた

リニューアル前、2階自由席は肘掛けのない3+3列だったが、肘掛けありに変更

E5系の登場により、E4系が上越新幹線へ順次投入され、E1系は役目を終えた

各編成の内装の違い

普通車2階の自由席。3+3列シート

普通車1階の自由席。2+3列シート

普通車2階の指定席。2+3列シート

普通車1階の指定席。2+3列シート

グリーン車2階席。2+2列のシート

8号車には売店が配置されていた

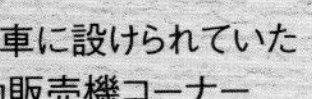

6号車に設けられていた
自動販売機コーナー

走行ルート

車両スペック

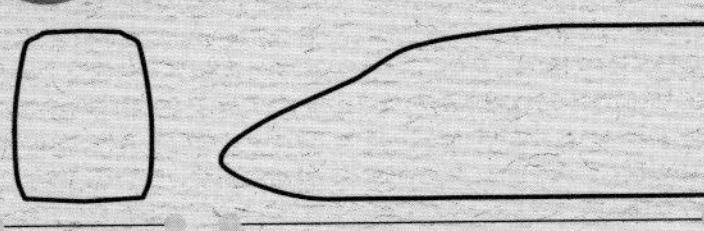

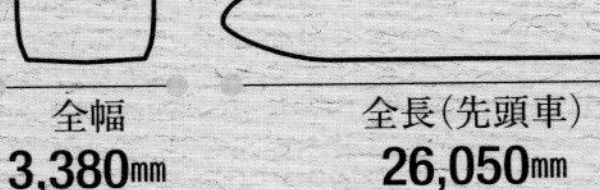

全幅
3,380mm

全長(先頭車)
26,050mm

全長(中間車)
25,000mm

車両編成

	1	2	3	4	5	6	7	8	9	10	11	12
2F	自	自	自	自	指	指	指	指	グ	グ	グ	指
1F	自	自	自	自	指	指	指	指	指	指	指	指

※Maxとき、Maxたにがわの場合　※自:自由席　指:指定席　グ:グリーン車

400 *Series*

初の新在直通新幹線

在来線の軌条を拡張したミニ新幹線として開業する山形新幹線のために開発された、初の新在直通の新幹線車両。新幹線規格の線路を走りつつ、在来線規格のホームやトンネルも利用できるように、車両幅や車体長が在来線に合わせて狭くなっているのが特徴。そのため新幹線のホームでは車幅が足りず、乗降ドアの下部にステップが出るようになっている。また、東北新幹線を走る車両と併結出来るよう、東京寄りの先頭車に自動開閉式のカバーを備えた連結器を搭載している。こうしたミニ新幹線用の基本的な仕組みは、後のE3系、E6系にも受け継がれている。

山形新幹線『つばさ』専用の車両で、1992年のデビュー時にはシルバーメタリック塗装が他の新幹線車両にはない大きな特徴だった。1999年の山形新幹線新庄延伸を機に、塗装や内装がリニューアルされた。2010年4月18日に営業運転を終了し、引退した。

DATA

落成●1990年
導入●1992年7月1日
定員●399名
材質●普通鋼
編成数●7両
所属●JR東日本

緑帯はなく、運転台の下に楕円形の窓があるほか、行き先表示がLED、床下機器カバーなどが量産車と異なる

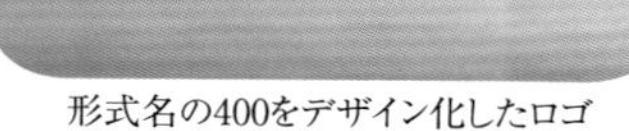

形式名の400をデザイン化したロゴ

S4編成

初の新在直通の新幹線として1990年に落成した量産先行車。車両サイドの窓周辺以外、車両全体がシルバーメタリックで塗装されている。急勾配の板谷峠などを通るため6両編成のすべてがモーター車となっている。

すべてのドアがプラグドアで、車両側面の凹凸が少なくなるように設計されている

先頭車には、他の新幹線と併結するための自動分割併合装置を搭載

降雪地帯を走るのため、
耐雪ブレーキを備えている。また、車内には
スキー用の収納ボックスも設置された

L1編成

量産先行車であるS4編成を量産化改造した編成。量産車であるL編成と同様の仕様に改造されており、運転台の下にあった楕円の窓が塞がれたほか、塗装もＬ編成と同等のものにされているが、床下機器のカバーだけは変更されずそのままとなっている。

7両に増車されたL1編成。増車された
中央の車両のみ、プラグドアではなく引き戸

量産車編成。客用ドアが引き戸、
窓下の緑帯、運転台下の丸窓、
床下機器カバーなどが
異なっているのが分かる

L編成
6両

1992年より投入された6両編成の量産車。S4編成とカラーリングが若干異なるほか、プラグドアだった客用ドアがすべて引き戸に変更、車両下部の機器を保護する床下機器カバーが変更されている。また行き先表示がLEDから幕に変更された。

初の新在直通新幹線として、200系やE4系などと
連結して東北新幹線を走行

難所である板谷峠を85km/hで走破可能。
そのため全車モーター車となっている

量産車では、S4/L1編成と若干形状が異なり、
スマートになっている

7両に増車。写真奥から2両目が、新たに追加された車両だ。全車モーター車だったが、この1両は付随車

L編成
7両化

山形新幹線の需要増大に伴い、1995年12月のダイヤ改正以降、全車が7両編成へと増車された。従来9～14号車だったが、山形方の先頭車は15号車に変更された。後に、併結する東北新幹線200系の10両編成化に伴い、1997年3月には11～17号車となった。

東京方先頭車は9号車だったが、10両化されると11号車に変更された

メタリックグレーをベースに、車体の
下半分に濃いグレー、緑帯へと変更。
E3系『つばさ』と同一の塗色に

新たに設けられたロゴ。
E3系『つばさ』と共通

一番最後に落成したL12編成だが、
廃車はL1、L2、L9に次ぐ4番目だった

L編成
7両リニューアル

1999年12月に山形新幹線が新庄まで延伸開業することとなった。これに伴い、新たに山形新幹線にE3系が投入されることとなり、E3系に合わせたカラーリング、ロゴマークに変更された。同時に内装もリニューアルされている。

E3系L編成の増備により、2010年に引退。
写真は最後まで残ったL3編成

各編成の内装の違い

普通車自由席の車内。2+2列シートで構成

普通車指定席の車内。2+2列シートで構成

グリーン車の座席。1+2列でゆったりしている

モックアップの際は、このような車内がイメージされていた

車両スペック

全幅	全長(先頭車)	全長(中間車)	車体高
2,950mm	23,075mm	20,500mm	3,870mm

車両編成

11	12	13	14	15	16	17
グ	指	指	指	指	自	自

※つばさの場合
※自:自由席　指:指定席　グ:グリーン車

走行ルート

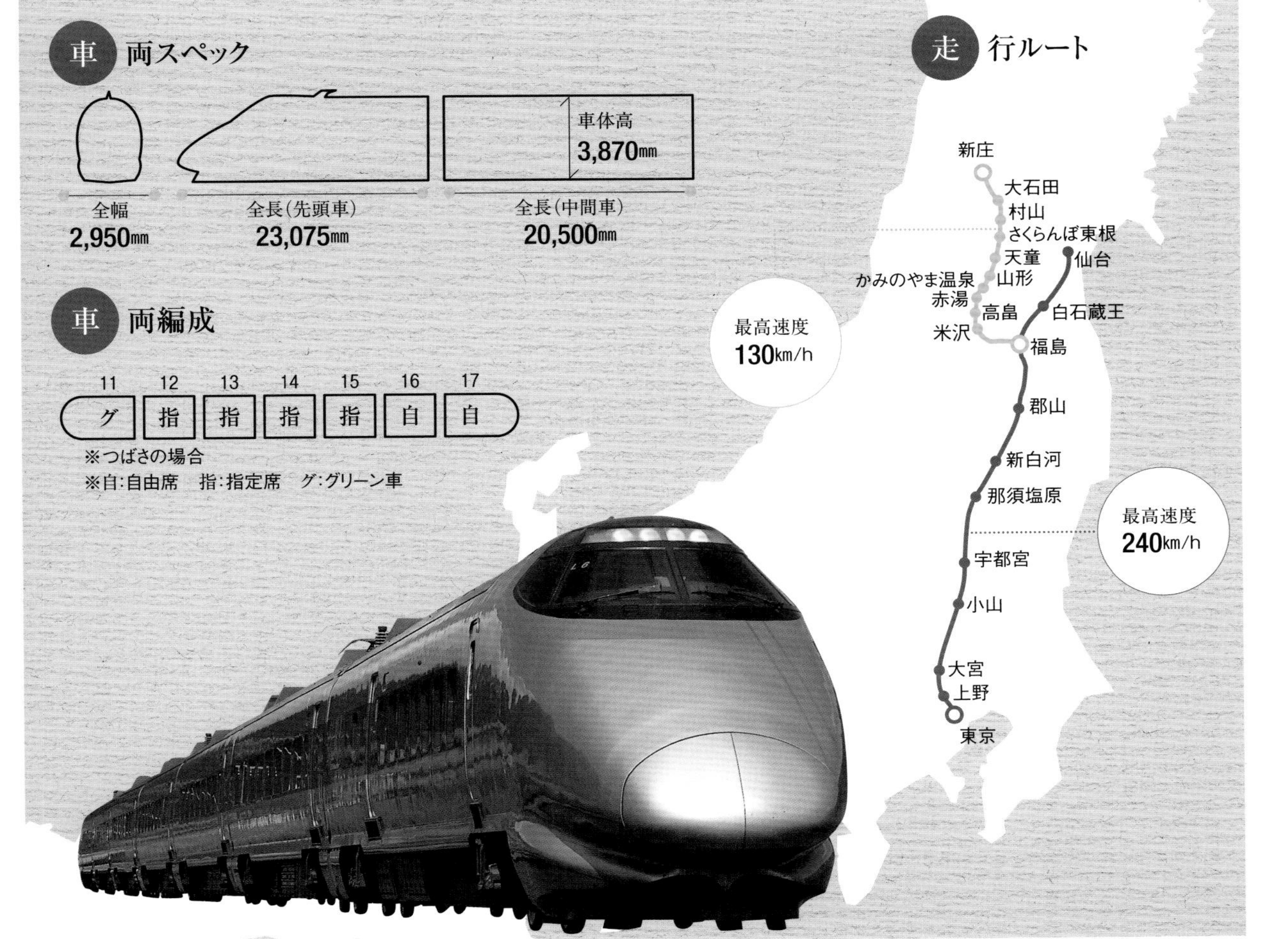

200 *Series*

雪対策がされた
寒冷地対応新幹線

DATE

落成●1980年
導入●1982年6月23日
定員●885名（12両）ほか

材質●アルミニウム合金
編成数●8両／10両／12両／13両／16両
所属●日本国有鉄道　JR東日本

積雪や寒冷地対策の必要な東北・上越新幹線用の車両として、962形をベースに国鉄が開発。雪が車両を妨げないよう、スカート部分にスノープラウを備えるほか、床下機器を雪から保護するために車両下部を覆うなど様々な装備が付加されている。これら対策で増える車両重量を軽減するべく、アルミニウム合金が採用された。

1982年の登場時は最高速度210km/hだったが、1983年には240km/hで走行できる車両が登場。当時新幹線史上最も速い車両となった。後に、上越新幹線の上毛高原〜浦佐間で275km/hで走行する車両が登場し、500系の登場まで日本最速の新幹線でもあった。

2013年４月14日の引退まで31年運用されているが、その間に先頭車形状が100系に似たものも登場。また、２階建て車両が搭載されたり、車両編成が増減したり、リニューアルされたりと、0系同様多くのバリエーションが存在している。

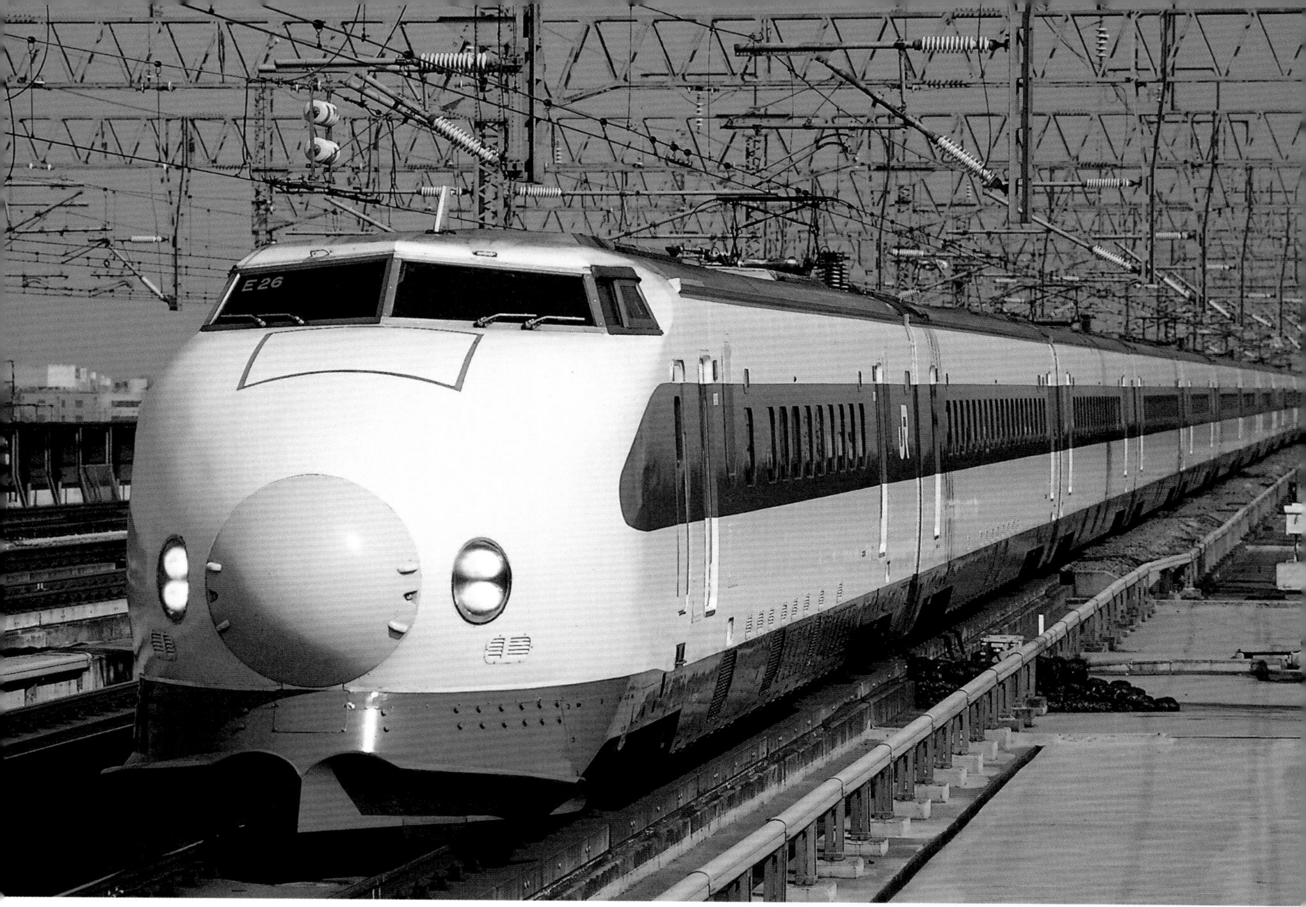

210km/hでの走行に対応。
仙台第一新幹線運転所と
新潟第一新幹線運転所に、
合計36編成が配置された

E編成
0番代

1982年６月の東北新幹線、1982年11月の上越新幹線開業に向けて投入された12両編成。1980～1982年にかけて、E1～E36編成（計438両）が製造されている。12両編成で７号車にグリーン車、９号車にビュフェ車が備えられていた。

雪に耐えられるよう設計された200系。
0系とは性能が大きく異なる

開業前の1981年8月に一ノ関～古川間を
試験走行するE13編成

写真のF3編成は、1983年12月の
登場時はE39編成で、翌年に改められた。
1000番代で窓数は0番台と同じ

F編成
1000番代／1500番代／0番代

240km/hでの走行に対応した12両編成で、E編成よりも半分のパンタグラフで走行可能。当初はE37～E39編成だったが後にF1～F3に改番、以降F4～F21が編成が導入された（1000番代）。後にE編成の多くが改造されF編成に組み込まれた（0番代）。

当初からF編成として登場したF10編成。
1500番代の車両で先頭車は窓数が多い

1991年頃にパンタグラフを6基から4基に減らし、
カバーをつける改造が行われた

元E2編成（0番代）。パンタグラフを6基から
4基に減らし、カバーがつけられている

F90～F93編成。
F54/F59/F14/F16編成を改造した。
上毛高原～浦佐間の下り勾配を
利用して275km/hで運転を行った

F編成
特別仕様

特別な目的のために改造されたＦ編成。F80は北陸新幹線対応され、唯一東京～長野間を走行した200系。F90～F93は上越新幹線の一部区間で、最高速度275km/hで走行した編成。『あさひ１号』『あさひ３号』での運用で、当時日本最速の新幹線だった。

F80編成。長野オリンピック開催の増車需要に応えるため、
北陸新幹線対応（急勾配と電源周波数）がされたもので元F17編成。200系で唯一長野まで乗り入れた

12両だったE編成を
10両に減車している。
写真は上越新幹線の『とき』

10両G編成から、さらに減車されて8両になったG編成。
写真は東北新幹線『あおば』

パンタグラフカバーがつけられたG編成8両。
写真は東北新幹線の『やまびこ』

G編成

E編成を10両に減車した編成で、国鉄末期の1986年に登場。利用率の低かった東北新幹線各駅停車『あおば』、上越新幹線各駅停車『とき』用に使われた。1987年には8両に短縮。最高速度210km/hのため、置き換えが始まると真っ先に廃車となった。

F6編成などを改造したK3編成。
後ろに併結しているのは、
400系の山形新幹線『つばさ』

1997年になるとF編成を直接10両化。
写真は元F21編成のK51編成

盛岡方先頭車には、
自動分割併合装置があり、連結器と
測距センサーを備える

需要増加で、8両のK編成を
10両化。写真はK11→K31編成に

K編成

1992年の山形新幹線開業時に投入された400系と併結して東北新幹線を走る車両として、F編成を改造し連結器を備えた８両編成として登場。240㎞/hでの走行に対応している。需要増加に伴い1997年には10両編成化された。

車両上部は飛雲、下部は紫苑、
センターに200系のグリーン(緑の疾風)帯が
入ったものに変更となった

K編成
リニューアル

1999年より、老朽化の進んだK編成のリニューアルが行われた。座席や内装を新たにしたほか、外装も一新。E2系をベースとしたカラーだが、センターのラインが200系を想起するグリーンになっている。

運転台の窓ガラスは曲面形状に
変更され、印象が変わっている

写真のK51編成は、最後まで残った200系。
2013年6月に廃車となった

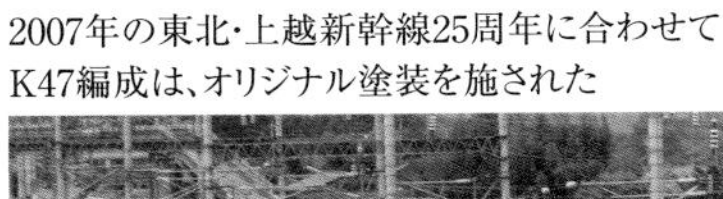

2007年の東北・上越新幹線25周年に合わせて
K47編成は、オリジナル塗装を施された

登場当初は2階建ては1両のみの
13両編成だったが、1990年末以降
順次2両となり16両編成となった

H編成
2000番代／200番代

F編成
2000番代／200番代

先頭車形状が100系に近い形のシャークノーズとなった編成。H編成は、国鉄が分割・民営化された後の1990年以降組成された編成で、2階建て車両を連結。最高速度245km/hで走行可能となっているほか、サイドの帯がピンストライプとなった。F編成でもシャークノーズの先頭車編成が登場している。

100系と同様のシャークノーズとなり、
シャープな印象に

2階建て車両を2両連結したH編成（16両）。
1階はカフェテリア、2階はグリーン席

当初のH編成。2階建ては
1両のみで2階はグリーン席、
1階はグリーン個室と普通個室

中間車改造の200番代先頭車で
組んだ編成で、元E編成（0番代）。
ピンストライプが入っていない

同じく200番代先頭車だが、元F編成で
1000番代がベース。F5とF8が同様の編成

E編成0番代の先頭車のみ新造車2000番代に
替えたF52編成。ピンストライプ入り

先頭車改造が間に合わずピンストライプのみ
施されたH6編成。半年後に改造完了

内装

普通車内。2列シートは回転するが、
3列シートは回転しないため、車両中央で
座席の方向を変えた状態にしている

グリーン車内。
2+2の回転リクライニングシート

ビュッフェ車内。立席タイプの構成。
車両の半分は普通車。デジタル式の速度計が
搭載されおり、走行速度が表示される

モケットを変更した普通車内。回転するタイプの
3列シートに入れ替えられた車両もあった

リニューアル時の普通車内。座面スライドする
E2系に準じた座席配置になっている

リニューアル時のグリーン車。
こちらもE2系に準じたレイアウトになった

車両スペック

車両編成

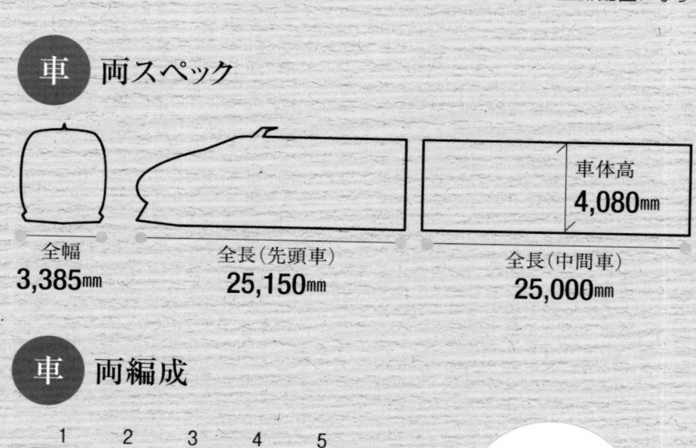

走行ルート

248形（2階建て車両）

グリーン車の様子。
2階にあるため見晴らしがいい

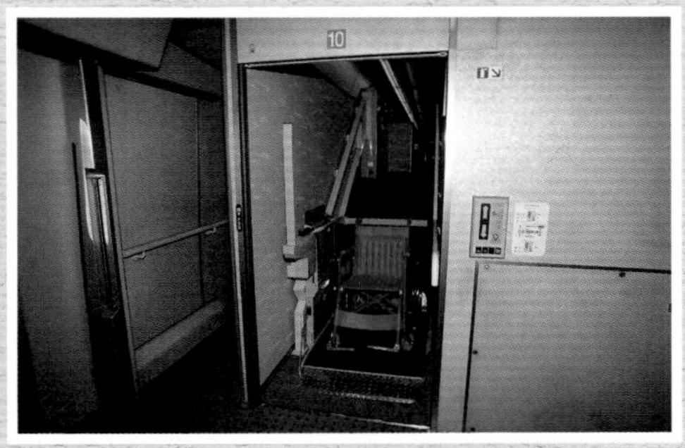

グリーン車のための
車いす用乗降装置があった

車内のカフェテリア。
様々な食事が用意された

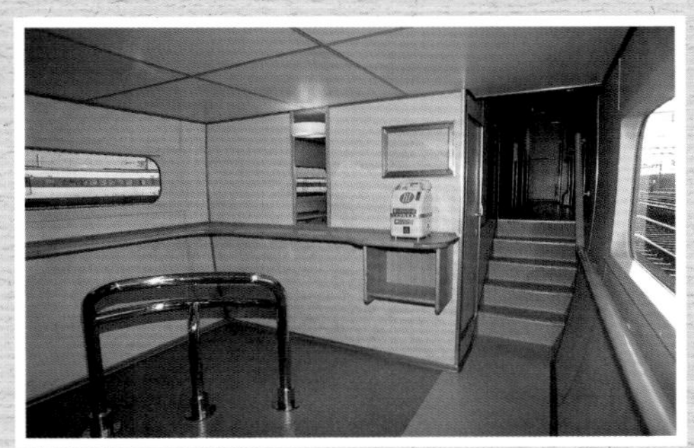

カフェテリアには座席がなく、
すべて立食席だ

249形（2階建て車両）

二階部分にあるグリーン車内の様子。
248形とシートが違う

二人用グリーン車個室。
しっかりしたソファを完備

一人用グリーン個室。
ゆったりしたソファが用意されている

四人用普通セミコンパートメント。
広めの向かい合わせの席

300 *Series*

270km/hで
東海道新幹線を高速化

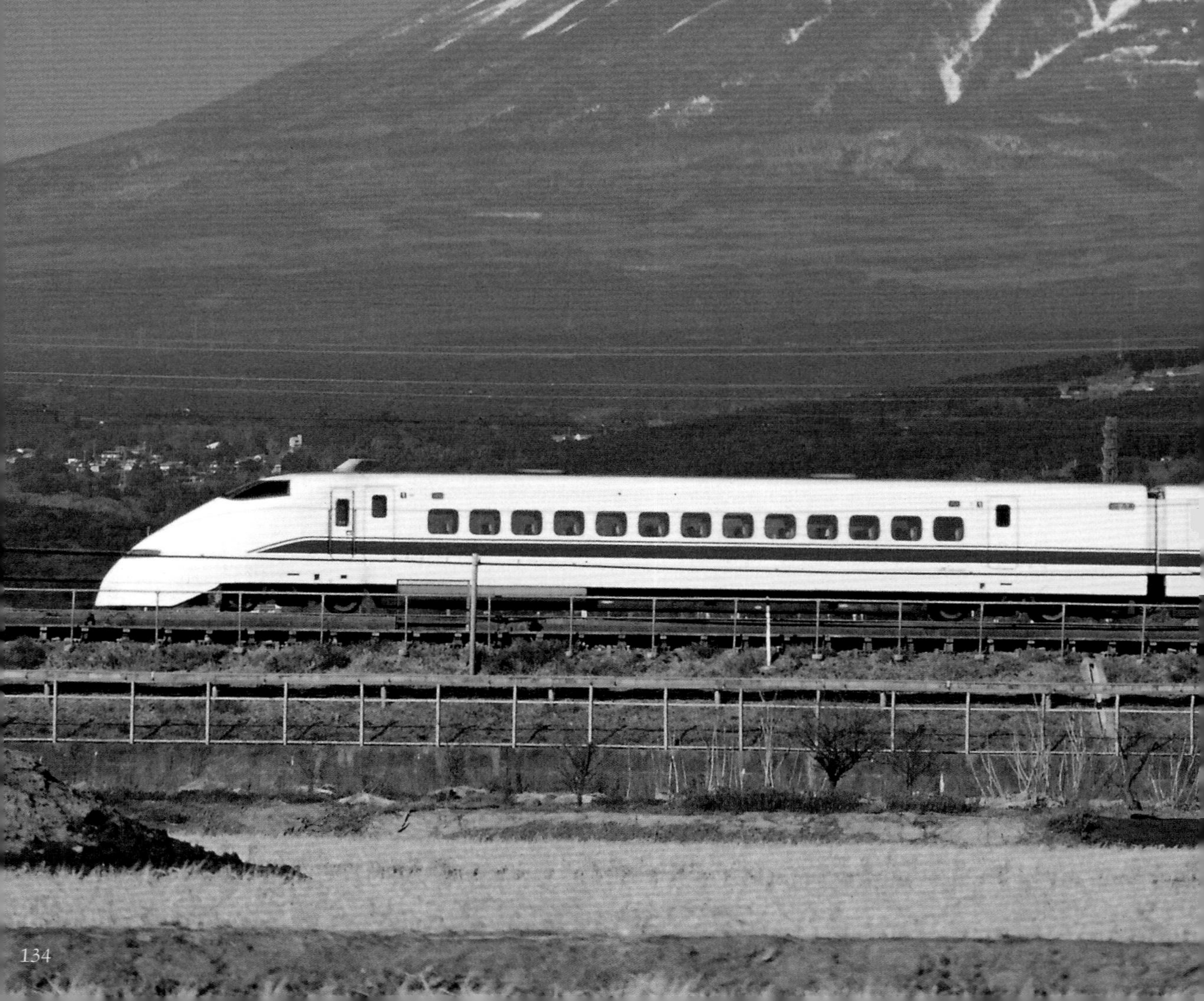

最高速度270㎞/hでの営業運転を行うべく、国鉄の研究をベースにJR東海によって開発された車両。東海道・山陽新幹線の車両としては初めて、アルミニウム合金やVVVF制御を採用し大幅な軽量化を図っている。

この車両と共に、東海道新幹線の『のぞみ』が誕生し、東京〜新大阪間を従来より約20分も速い2時間30分で結んだ。翌年の1993年には山陽新幹線での運用が始まり、東京〜博多間を5時間4分で結んでいる。300系の車両は、当初は主にのぞみ用車両として運用された。

従来の0系や100系のようにカフェテリアや食堂車はなく、売店が設置されていたのみ。多くの乗客を迅速に輸送することを目的とした、新たな新幹線となっている。

N700系が新たに投入され増備されたことより、2012年3月16日で、東海道・山陽新幹線から引退した。

DATA

落成●1990年
導入●1992年3月14日
定員●1,323名
材質●アルミニウム合金
編成数●16両
所属●JR東海／JR西日本

試運転中のJ0編成。当時は架線への電力供給方式が異なっていたため、パンタグラフの本数が量産車よりも多い

J0編成にのみ入っていた、300系のサイドビューを模したロゴ

J0編成
9000番代

1990年に登場した試験車両。量産車とは先頭車形状やパンタグラフの数など、様々な部分が異なっている。1992年にJ1編成へと変更され、1995年に量産化改造されて営業運転を行った。

量産車と異なり、両サイドに膨らみがあり、ヘッドライトが角ばっている

パンタグラフカバーが大型であることや、5つあることなどがよく分かる

フロントガラスの形状や、帯のブルーの明るさも、量産車と異なっている

初期のJ編成。プラグドア仕様、パンタグラフが3基となっている。後に2基に改造された

J編成 0番代
F編成 3000番代

300系の量産車。JR東海所属のＪ編成と、JR西日本所属のＦ編成がある。製造時期によってバリエーションが異なっており、パンタグラフが３基のもの、２基のもの、客用ドアがプラグドアのもの、引き戸のものと分かれている。

パンタグラフを減らすために設置された特別高圧引通線のケーブルヘッドが目立つ

量産車正面。ヘッドライトと、車両サイドの違いが分かる

初期のF編成。プラグドア仕様でパンタグラフは3基

引き戸に変わったF編成。パンタグラフの2基化改造を終えたあと

改造後のJ編成。
2面側壁がグレーになっている。
パンタグラフ周りとともに、ケーブルヘッドも700系と同仕様に変更された

旧パンタグラフから改造されたF編成。
2面側壁の色が白になっているのが
F編成の特徴

J編成 0番代改造後
F編成 3000番代改造後

1999年の700系デビュー後、全車に騒音対策工事が施行された。これにより、パンタグラフ周りが700系と同様のものに変更され、パンタグラフのシングルアーム化や、碍子カバーと２面側壁が設置されている。

2012年3月16日、東京発新大阪行きの『のぞみ』329号で300系は引退となった

「ありがとう」のメッセージが書かれた、ヘッドマークとサイドステッカーで飾られた

実際に乗り込んで確認できる
モックアップになっており、
1987年当時、東京駅八重洲口
コンコースで展示された

モックアップ

300系の開発にあたり、JR東海ではモックアップ（実物を想定した模型）を1987年に作成。当初は『スーパーひかり』というコンセプトで、100系に近いデザインが想定されていた。

各面から見たモック。
フロントガラスの
形状などは、300系を
彷彿とさせる

ハイデッカーで、車窓はパノラマ仕様。
座席の背面には液晶テレビが設置された

プラグドア

乗降用ドアが初期車はプラグドアであったが、
途中から引き戸に変更された

のぞみ誕生

300系から運転が始まった『のぞみ』。
当初設定された「のぞみ301号」は新横浜停車、
名古屋・京都飛ばしで話題となった

連結器

ボンネットを開けたところ。
連結器が折りたたまれるように
格納されている

売店

新幹線のスピードの向上に伴って
乗車時間が短縮されたため、ビュッフェや
食堂車は連結されず、代わりに
売店が設置された。量産先行車（写真左）と
量産車（写真右）では作りが異なる

各編成の内装の違い

JO編成の奇数号車の普通車内。ブルーが基調

JO編成の奇数号車グリーン車内。明るめな色合い

JO編成の偶数号車の普通車内。明るめな雰囲気

JO編成の偶数号車グリーン車内。グレーで落ち着いている

J編成の普通車内。落ち着いた色合いに

J編成のグリーン車内。よりシックに

車両スペック

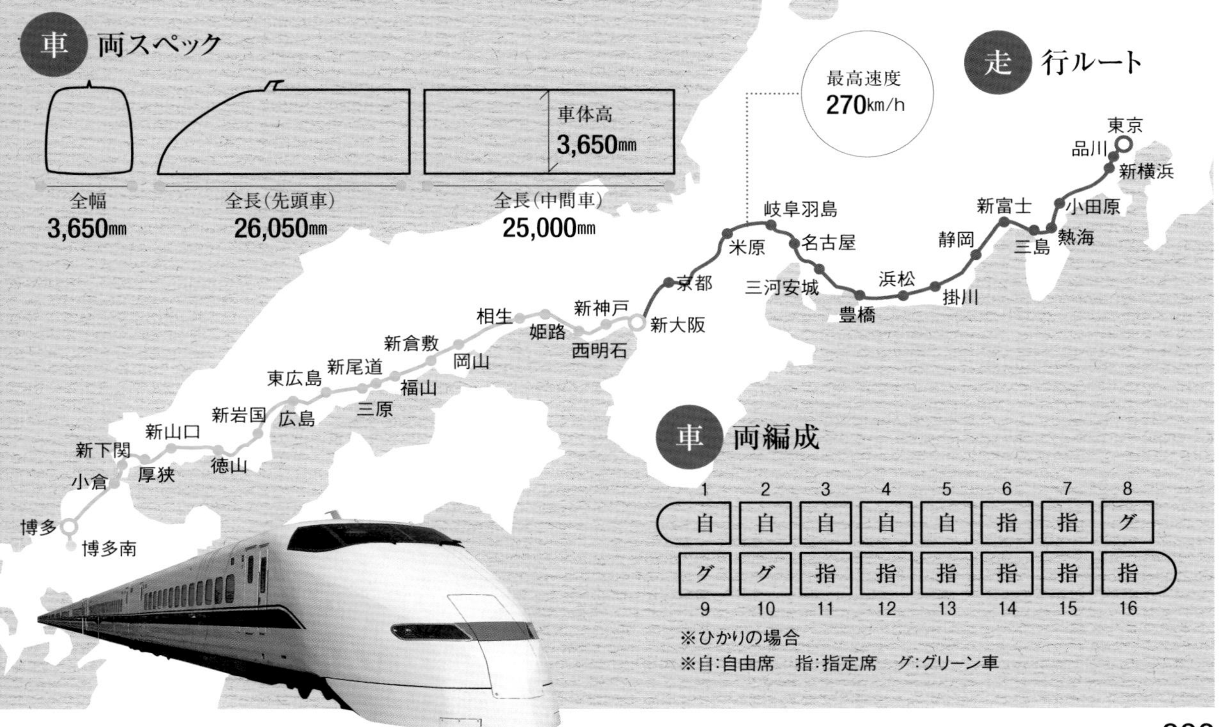

走行ルート

車両編成

1	2	3	4	5	6	7	8
自	自	自	自	自	指	指	グ

9	10	11	12	13	14	15	16
グ	グ	指	指	指	指	指	指

※ひかりの場合
※自:自由席　指:指定席　グ:グリーン車

100 *Series*

シャープな顔が特徴。2階建て車両を初導入

新幹線開業より21年を経た1985年に登場した、東海道新幹線用の新型車両。

二階建て車両を搭載した初の新幹線車両かつ、丸みの帯びた０系のデザインが新幹線のイメージとして定着していた時代に、装いを一新したシャープなデザインでフルモデルチェンジを図っている。

一方でこの先頭車形状は、空気抵抗を減らして高速化を図るためのものでもあり、1985年当時０系の最高速度であった210㎞/hよりも10㎞/h速い、220㎞/hで走行。1989年登場のＶ編成では230㎞/hを実現した。

２階建て車両には、食堂やカフェテリアのほか、グリーン車の個室なども存在しており電話や目覚まし時計なども装備されていた。また、０系では普通車の３人掛けのシートは方向を回転できず進行方向と逆に座る席などもあったが、100系からは回転が出来るようになった。

2012年３月16日に引退。

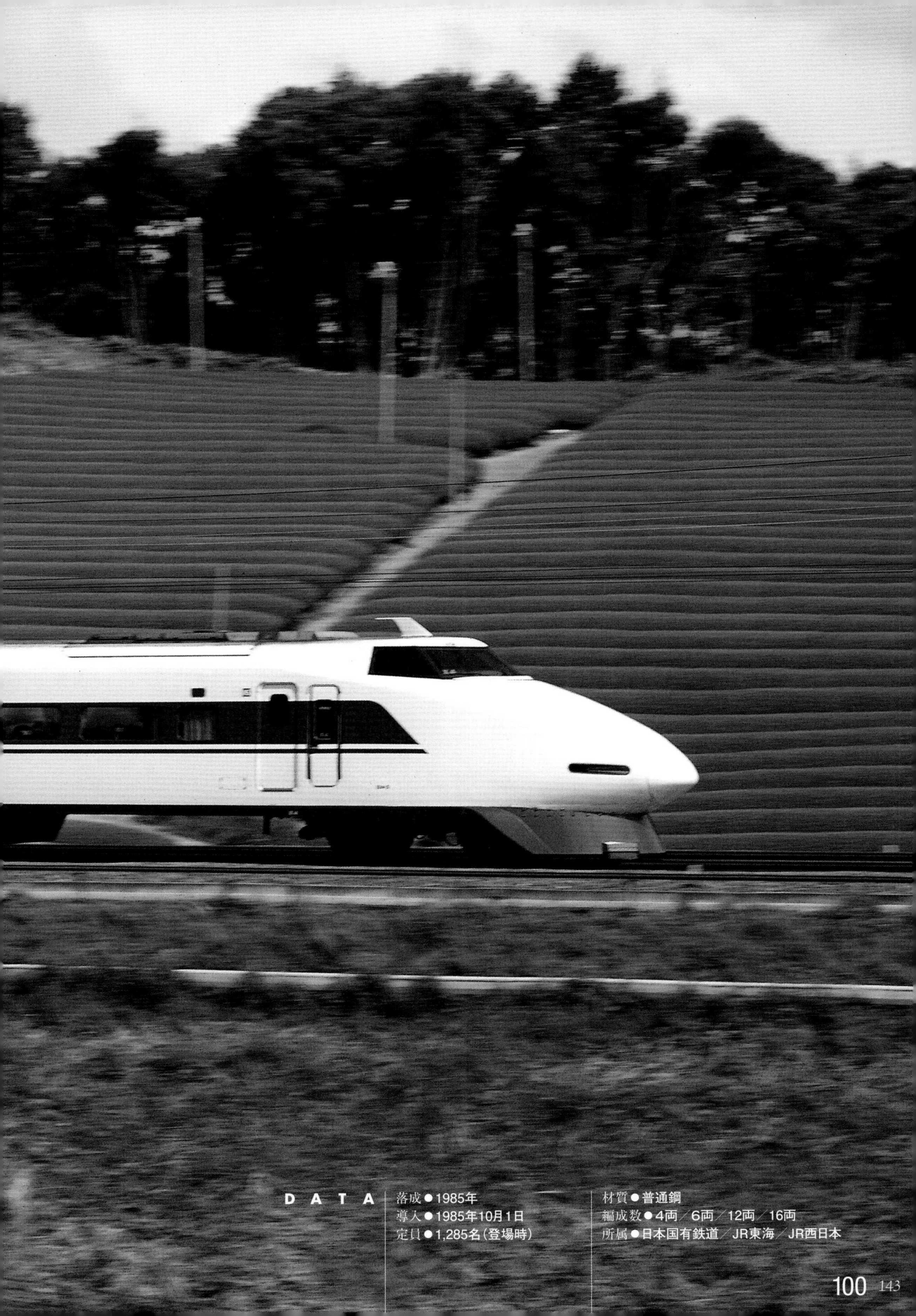

DATA

落成●1985年
導入●1985年10月1日
定員●1,285名(登場時)

材質●普通鋼
編成数●4両/6両/12両/16両
所属●日本国有鉄道/JR東海/JR西日本

東海道・山陽新幹線では
0系以来のフルモデルチェンジ車となり、
大きなインパクトを与えた

X0編成
9000番代

1985年に登場した16両編成の試作車だが、営業運転にも投入された。２階建て車両を連結しているのが特徴。車両側面の窓が小窓で、ライトの角度が量産車に比べるときつめの配置となっているほか、細部の仕様が異なる。1986年に量産化改造が行われ、X1編成へと変更されている。

0系の1000番代同様に、サイドの窓は小窓。帯の下にピンストライプが入った

試運転時、2階建て車両が1両で運用される時もあった

0系の丸っこいイメージから一新されたデザイン。シャープさが目を引いた

グリーン車を1両含む12両編成。
普通車の側面窓が、
0系大窓車よりも長い1660㎜だった

G編成
12両

1986年春頃に登場した12両編成の量産車でG1～G4の４編成あった。２階建て車両は連結せず、当初は『こだま』用の車両として運用された。同年10月に２階建て車を組み込み、X2～X5編成となった。

X0編成と比べ、ヘッドライトの角度や、窓の大きさが異なる

初代G編成は半年に満たない間しか走行しなかった

中間となる8、9号車に2階建て車両を連結。この編成が100系の代表的なイメージとなった

先頭車は旧G編成と同じ。写真のX2編成は元G1編成

X編成

X1編成、G編成12両を組み替え16両化した編成と、1987年に16両編成として製造されたX6〜X7編成を加えた編成。東京〜博多間の『ひかり』を中心に運用されたが、1998年10月で『ひかり』運用を終え『こだま』運用へ変更となった。

8号車2階は食堂、1階は厨房と売店。
9号車2階は開放グリーン、1階は個室グリーン

2階建て車両にはNSマークが入っていたが
民営化後に消え、JRマークが入った

「New Shinkansen」のNSロゴ。
民営化された際に消された

見た目はX編成と変わらないが、
2階建て車両の個室に4人個室が出来、
8号車の仕様も異なっていた

G1～G3編成だけ9号車1階グリーン室に
4人個室がなかったが、後に追加された

G編成
16両

２階建て車両部にあった食堂車をグリーン車とカフェテリアに変更した16両編成。東京～新大阪間などの短時間で走行する列車向けに運用された。G1～G50の50編成が製造され、０系を置き換えていった。

8号車は2階がグリーン席、
1階にカフェテリアが設けられた

2階建て車両を4両連結。パワーを補う
目的で先頭車がモーター車となった

V編成
3000番代

JR西日本が開発した２階建て車両を４両連結した編成で、100N系ともいわれる。『グランドひかり』の愛称で親しまれ、当初は東京〜博多間で運用された。山陽新幹線区間では、最高速度230km/hで走行した。

7、9、10号車は2階開放グリーン、1階開放普通。
グリーン席にはビデオ用液晶モニタを装備

分割民営化後、2階建て新幹線を
保有していなかったJR西日本により開発された

8号車は従来同様の食堂車だが、
内装が少し豪華な雰囲気に変わった

K54編成は登場時から新塗装。それ以前のK編成も順次新塗装へと変えられた

登場時、白に青帯だったK52編成。後に新色に塗り替えられた。写真は2003年12月

K編成
5000番代／5050番代

Ｖ編成やＧ編成をベースに、６両に短編成化したJR西日本の車両。全席２＋２列。2002〜2003年にK51〜K60の10編成が投入された。当初は白に青帯の塗色だったが、K54編成以降、ライトグレーにフレッシュグリーン帯へ変更。2010年に白に青帯のカラーリングに戻された。

再び白＋青帯に塗り直されたK編成。写真は2011年のもの

登場時のP編成。白地に青帯の塗装だった。P1〜P3編成は、当初V編成の普通席が使われ2+3列だった

P編成
5000番代／5050番代

Ｖ編成やＧ編成をベースに、４両に短編成化した車両。０系Ｑ編成の置換として2000〜2005年にP1〜P12編成が投入された。こちらも当初は白地に青帯だったが、後にライトグレーにフレッシュグリーン帯へ変更された。

2003年12月のP編成。フレッシュグリーンの塗装がされた

5050番代の先頭車は、V編成の中間車にG編成の先頭部を取り付けた改造車だった

X0 編成の内装

奇数号車の普通車内。シートピッチが拡げられ、3列シートが回転できるようになった

偶数号車の普通車内。2+3列のシート

平屋車(二階建て車両ではない)グリーンの車内

二階建て車両の2階グリーン車内

食堂車1階の厨房

2階に配置され、大きな展望窓を備えた食堂車の食堂部分。壁面には鉄道車両のエッチングが施されている

二階建て車両1階の3人用個室

二階建て車両1階の1人用個室

平屋車の1人用個室。量産改造の際に撤去されている

X0編成のみで使用された平屋車の2人用個室。量産改造時に撤去された

X 編成の内装

偶数号車の普通車内

奇数号車の普通車内

二階建て車両の2階部分のグリーン車内

平屋車のグリーン車内

2階部分の食堂車内

食堂車にはデジタル式の速度計が設置された

二階建て車両の1階にある一人用個室。カードキー式

二階建て車両の1階にある2人用個室。カードキー式

二階建て車両の1階にある3人用個室。同じくカードキー式

V 編成の内装

グランドひかりの
2階グリーン車内

V編成グランドひかりの食堂車。
X編成とは雰囲気が異なる

グランドひかり2階建て車両の
1階普通車。2+2列シート

食堂車の1階には
売店も設置されていた

G 編成の車内

食堂車の代わりに設置された
二階建て車両1階のカフェテリア

モックアップ

二階建て車両の
原寸大モックアップ

二階建て車両の
木製の模型

ソファやカウンターが
配されたラウンジビュッフェ

一人がけの椅子とカウンターが
配されたラウンジビュッフェ

4人用個室のモックアップ。実際の車両では
枕木方向(枕木とシートの肘掛けが並行な状態)に
個室が配置されたが、モックアップでは
線路方向に設計されていた

100系のヘッドマーク

車

全幅
3,380mm

全長(先頭車)
26,050mm

全長(中間車)
25,000mm

車体高
4,000mm

車両編成

号車	1	2	3	4	5	6	7	8
2F								グ
1F	自	自	自	自	自	指	指	カ

号車	9	10	11	12	13	14	15	16
2F	開							
1F	グ	グ	指	指	指	指	指	指

※G編成の場合
※自:自由席　指:指定席　グ:グリーン車　カ:カフェテリア　開:解放室

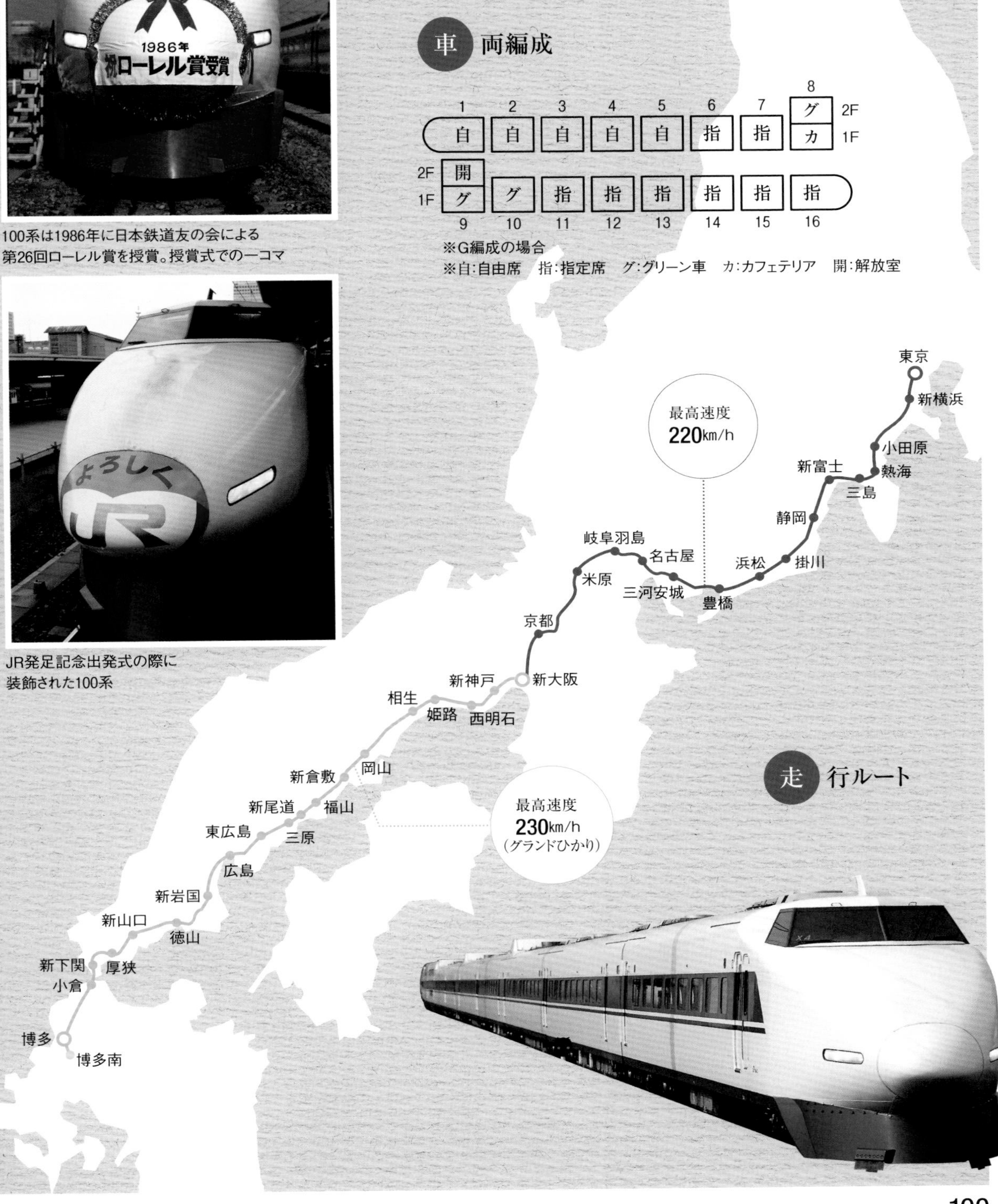

100系は1986年に日本鉄道友の会による第26回ローレル賞を授賞。授賞式での一コマ

JR発足記念出発式の際に装飾された100系

走行ルート

0 Series

すべてはここから始まった。始祖の新幹線

世界で初めて、200km/h超での高速走行を実現した鉄道車両で、国鉄によって開発された。1964年10月１日の東海道新幹線開業時には12両編成で登場し、普通車やグリーン車のほかにビュッフェがついており車内で軽食がとれた。そこから21年間は０系のみが東海道・山陽新幹線を走行。1970年に16両編成へと増車され、1974年に食堂車が登場、1986年には最高速度220km/hを実現している。また新幹線の需要拡大とサービスの向上に合わせ、23年間に亘り、3216両もの車両が製造された。

1999年９月18日で東海道新幹線での営業は終了したが、山陽新幹線では2008年12月14日の引退まで足かけ44年間も走り続けた最長寿車種。長期間現役であったため多くのマイナーチェンジ版が登場したほか改造も多岐にわたり、様々な車両や編成パターンが存在している。特に山陽新幹線内では、２＋２列シートのゆったりとした『ウエストひかり』や、４両で編成されたＱ編成などユニークなパターンも多い。

DATA

落成●1964年
導入●1964年10月1日
定員●855(12両)/1,342名(16両)ほか
材質●普通鋼
編成数●4両/6両/8両/12両/16両
所属●日本国有鉄道/JR東海/JR西日本

1964年7月15日。試運転で走行し東京駅に初入線した0系。このときはまだ6両編成だった。この後、6両足されて組み替えがされ、12両編成となる

0番代
1次車

新幹線の試作車両である1000形Ａ・Ｂ編成をベースに、開業に向け製造された１次車。６両編成となっていた。1000形との見た目の違いは、運転席上部の静電アンテナの形状（棒状のものがスレート状に）、ライトの電球数（１灯→２灯）。編成番号の表記はなかった。

在来線特急『こだま』と併走する試験走行中の0系。大動脈の担い手が移り変わっていく瞬間

N1編成。先行量産車である
1000形C編成に(鴨宮モデル線で
試験走行をしていた車両)、
2次車6両を加えて営業用に
投入された日本車輌製造の編成

T編成。東急車輛製造で
製造された編成。写真のT15編成は
1970年4月の落成で、当初から
12両編成で製造されている

S編成。近畿車輛で製造された編成で写真の
S5編成は1964年5月落成。初期の車両は、
前面カバーがアクリルで作られており、ヘッドライトや
テールライトを受けて光った。しかし破損しやすく、
保安作業の大変さから取り替えられた

0番代
2次車

1964年10月の開業当時の編成。１次車に２次車（６両の中間車）を組み込む形で12両編成とした。編成番号は車両の製造メーカーごとにつけられており、N（日本車輌製造）、R（川崎車両）、K（汽車製造）、S（近畿車輛）、H（日立製作所）、T（東急車輛製造）の６つ。

開業1ヶ月前の9月19日。小田原駅にて
行われた試乗会に入線する際のS編成

H編成。日立製作所で製造された編成。写真のH2編成は、当初6両で作られ、
後に12両化されたもの。H編成の名前は、この後『ひかり』用の編成名に変更される

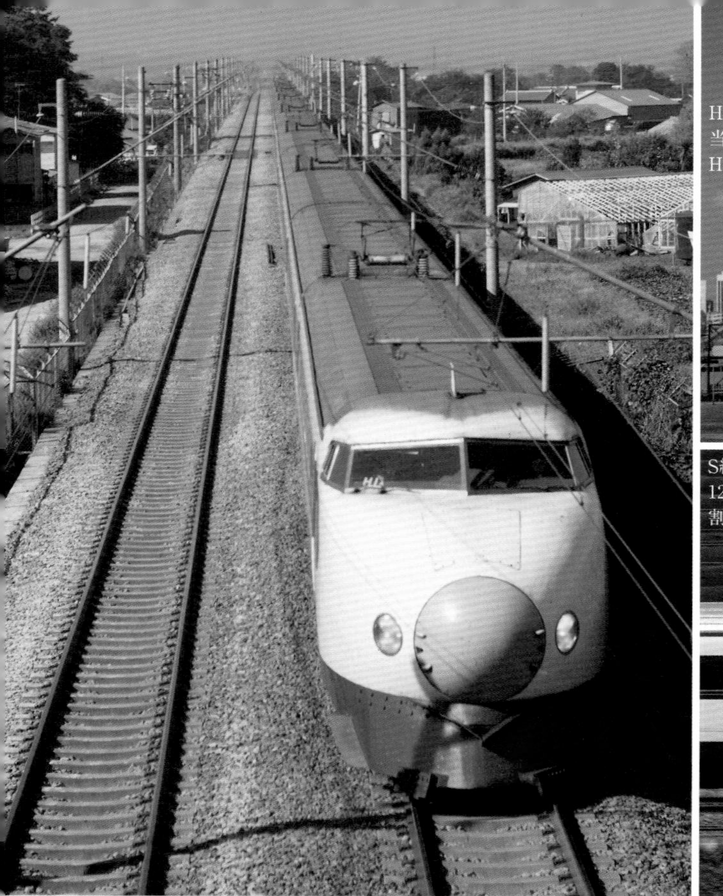

H編成。写真はH1A編成で、日立製作所H編成の
12両編成を1970年に16両編成に増車したあとのもの。
同年の年末に『ひかり』用のH25編成に名前を変える

H編成。写真のH41編成は、
当初から16両編成で製造された
H編成の車両

S編成。1973年〜1974年の短い期間、『ひかり』の
12両編成（1〜4号車はなく、5〜16号車の12両）にS編成が
割り当てられた。写真は元S55編成のH55編成のもの

0番代
用途別編成

1971年12月以降、16両の『ひかり』用にH編成、『こだま』用にK編成など用途別に編成名をつける方式に変更。後に『ひかり』用のＳ編成、『こだま』用のＳ編成、Ｙ編成などもあった。

0番代の側面。特徴は側面の
窓の大きさで、幅が1460㎜と広い

K編成。16両『こだま』用の編成。写真のK17編成は、
元は12両編成の『こだま』用S17編成だったもの

S編成。1984年から再び12両編成の『こだま』に
S編成が割り当てられた(1～12号車)。写真は元16両の
『こだま』K12編成だったS86編成

S編成。1970年～1971年の短い期間、『こだま』の
12両編成(1～4号車はなく、5～16号車の12両)にS編成が
割り当てられた。写真は元R14編成のS38編成

Y編成。12両『こだま』S編成を16両化した
JR東海所属の編成。写真はY22編成

NH編成。先頭車他を1000番代にした『ひかり』用の編成。写真のNH23編成は、H23編成をベースに、先頭車・中間車11両を1000番代に入れ替えたもの

N編成。16両全車が1000番代で構成されている編成で、N97〜N99編成の3編成のみ。すべて新造車で1976年に登場

1000番代

1976年以降に登場。ここでは主に先頭車が1000番代のものを紹介。1000番代では、側面の窓幅が630㎜と狭くなっており（0番代は1460㎜)、サイドから見ると違いが大きく分かる。N/NH/K/Sk/Ykの5編成に投入されている。

1000番代の側面。0番代と比べると側面の窓が半分以下に小さくなっているのが分かる。「小窓車」と呼ばれた

K編成。先頭車を1000番代にした『こだま』16両用の編成。写真のK75編成は、K25編成をベースに、
先頭車・中間車8両を1000番代に、中間車4両をK5編成から組み替えたもの

SK編成。K編成をベースに『こだま』12両用に短縮した編成。写真のSK9編成は、
K58編成を11両に減車し、中間車に1両K24編成から組み替えたもの

YK編成。Y編成の先頭車などを1000番代に置き換えた、あるいはSK編成を
16両に増車したJR東海所属の編成。写真はYK34編成で、元SK編成

K編成。0番代のK編成をベースに、
先頭車などを2000番代に置き換えた16両の編成。
1983年～1984年に投入されている

SK編成。0、1000、2000番代のK編成をベースに『こだま』12両用に短縮した編成。写真のSK6編成は、2000番代の先頭車・中間車3両を新造し、K16やK75、K86編成から中間車を組成した編成

2000番代

1981年以降に登場。ここでは主に先頭車が2000番代のものを紹介。側面の窓幅が1000番代より若干広く720㎜となり、それに合わせシートピッチも0番代1000番代の940㎜から980㎜に変更。NH/K/Sk/Ykの4編成に投入されている。

2000番代の側面。1000番代より
側面の窓がやや大きくなっている。
「中窓車」と呼ばれた

NH編成。先頭車他を2000番代にした『ひかり』用の編成。写真のNH54編成は、H54編成をベースに、先頭車・中間車10両を2000番代に入れ替えたもの

YK編成。Y編成や1000番代YK編成の先頭車などを2000番代に置き換えた、あるいはSK編成を16両に増車したJR東海所属の編成。写真はYK34編成で、元SK編成

1984年に登場した初の6両編成のR0編成。
0番代で組成されており、先頭車はK20編成、
中間車はH56編成とNH30編成から組成されている

主に2000番代で
組成された初期のR1編成

R編成

山陽新幹線用の6両編成車で1984年から投入。主に『こだま』として運用された。基本的に新造された車両ではなく、既存編成の組み替えだが、その結果先頭車が足りなくなりグリーン車の15形と16形をベースに先頭車改造した3900番代も登場した。

1000番代だけで構成されたR4編成。1992年に
2号車のみ0番代の車両に置き換えられている

R編成を大量に組成したため先頭車が不足。そのためグリーン車を
先頭車に改造して組まれたR23編成。3900番代先頭車は、この1編成のみ

2000番代だったR2、R3編成などを7000番代の『ウエストひかり』仕様に改造したR52編成。6両編成で、窓横にロゴマークが入った

R編成
5000番代／7000番代
5050番代／7030番代

1988年に山陽新幹線内の速達形として『ウエストひかり』が登場。普通席２＋２列とビュフェのついたＲ編成5000番代/7000番を専用車として投入。ピンストライプが入っていた。別系統で、1997年より『こだま』用Ｒ編成の３人用座席を回転化改造。5030/7030番代となり、ピンストライプ塗装がされた。

1000番代先頭車のNH1編成を改造し、NH54編成などを組成した、5030番代先頭車のR3編成

アコモ改善車のロゴ。写真はR23編成だが、3900番代の旧R23編成とは別物で、NH54編成などを改造した7030番代の車両

1000番代のSK編成の一部は、『ウエストひかり』用に5000番代に改造され、12両編成の『ウエストひかり』として投入。写真はSK5編成

SK編成
5000番代／7000番代

『ウエストひかり』は航空機との競争力強化のため投入された車両だったが人気を博し、R編成にグリーン車を連結した8両も出たが、1988年夏には新たにビュフェ車を増結した12両編成のSK編成が登場した。一部には映画を観られるシネマカーなどもあった。後に700系『ひかりレールスター』が登場し運転は終了。減車されR編成となった。

2000番代のSK編成の一部は、『ウエストひかり』用に7000番代に改造され、12両編成の『ウエストひかり』として投入。一部は、後に6両編成に減車してR編成7000番代となったものもある。写真はSK25編成

『ウエストひかり』用のSK編成を減車してR編成化したため、基本的に7000番代で構成されているR64編成

R編成
7000番代

アコモ改善車だったＲ編成7030番代を２＋２列化したものと、『ウエストひかり』で運用されていたSK編成を６両の『こだま』化した編成。2002年～2003年に、グレー地にフレッシュグリーンの帯の塗色に変更。2008年12月の引退が近づくと、白地に青帯に戻された。

普通車を改造して先頭車にし、R11編成の中間車を入れ替え編成しなおしたR67編成。
7900番代先頭車は、この1編成のみ

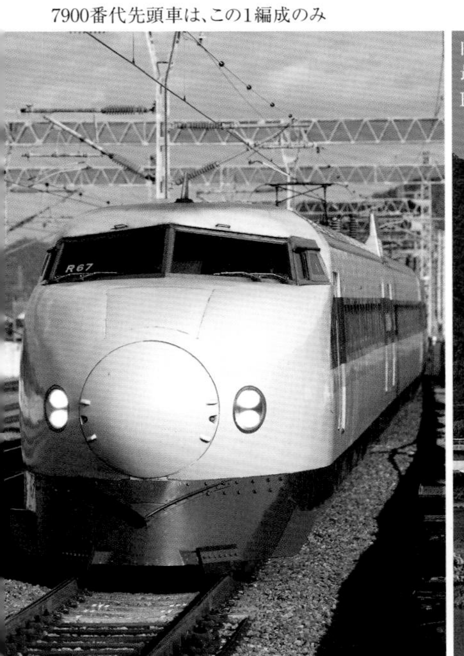

白地に青帯に戻されたR編成7000番代。
最後まで営業していた0系がこの編成で、R61編成が下り最終、R68編成が上りの最終列車として走行した

1000番代のNH23編成をベースに
4両編成化されたQ1編成。
当初はR51編成(2代目)と呼ばれていた

Q編成

山陽新幹線用『こだま』の4両編成。1997年に投入され、広島〜博多間で運用された。新造された車両ではなく既存編成の組み替えで、0番代と1000番代がベースとなっている。

1000番代のR26編成をベースに
組成されたQ4編成(2代目)。
初代のQ4編成は0番代の先頭車だった

様々なバリエーション

1999年9月18日に東海道新幹線から0系が姿を消した。
その直前から、前頭部には写真のような文字が添えられた

お召し列車として運用された際の0系。識別用に
ライトの周りに青い帯が入っている

東海道新幹線開業20周年を記念して、
前面に大きく文字とマークが入れられた

JR開業初日の、装飾された0系。
前面に大きく「よろしくJR」のメッセージが

東京駅で、300系や200系と顔を揃えた0系。
35年間で東京駅の様子も大きく変わった

新大阪～岡山間開業に備えて、東京～岡山間の
直通試運転を行った際の一コマ

0番代、1000番代の内装

1000番代の内装。
窓の大きさ以外は、0番代と変わらない

2+3列配置のシート。リクライニングしない、
転換クロスシートだった

0番代、1000代のグリーン車

2000番代の内装

2000番代車内。
200系に準じた内装になっている

2000番代のグリーン車内。
こちらも200系に準じた内装

0番代のビュフェ車両。開業当初は食堂車の連結がなく、ビュフェで食事がとれた

ウエストひかりの内装

2+2列配置のシート。このシート配置は
山陽新幹線の指定席車両として、
現在も引き継がれている

2+2列シートのウエストひかり。
ゆったりとしたシート配置になっている

こちらも2+2列シートのウエストひかりの
車両でくつろぐ乗客の様子

ウエストひかりの特徴

ビュフェを改造した、
ウエストひかりの食堂車「カフェウエスト」

ウエストひかりには、車内放送のない
「サイレントカー」のほか、車内で映画を上映する
「ビデオカー」などが存在した

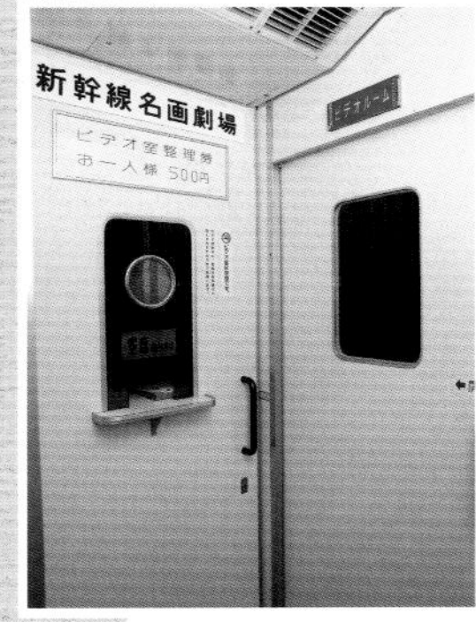

ビデオカーのチケット売り場。
開業当初は料金を設定していたが、
後に無料で上映されるようになった

主にカレーライスが提供されていた

ビデオカーには、デスクつきの
ビジネスルームも併設されていた

車両スペック

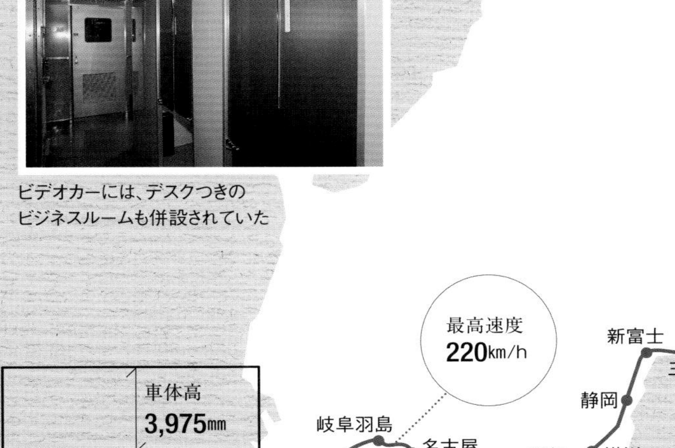

走行ルート

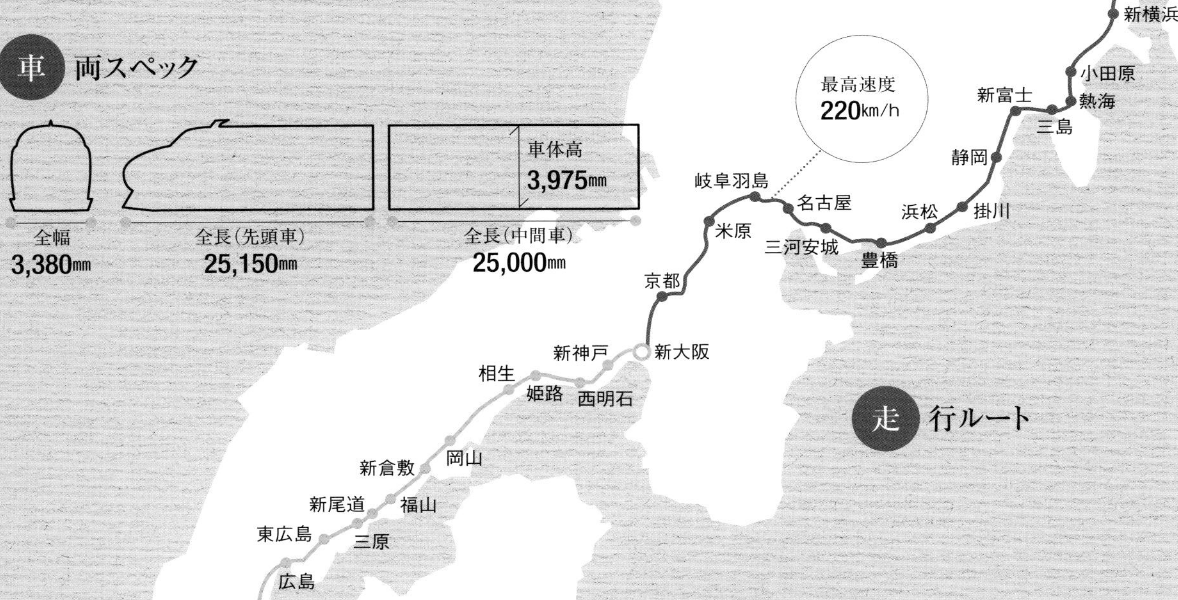

車両編成

1	2	3	4	5	6	7	8
自	自	自	指	ビ自	指	指	グ
指	指	指	指	指	指	指	指
9	10	11	12	13	14	15	16

※YK編成の場合
※自:自由席　指:指定席　グ:グリーン車　ビ:ビュフェ

集合!!
meet up

試験車両

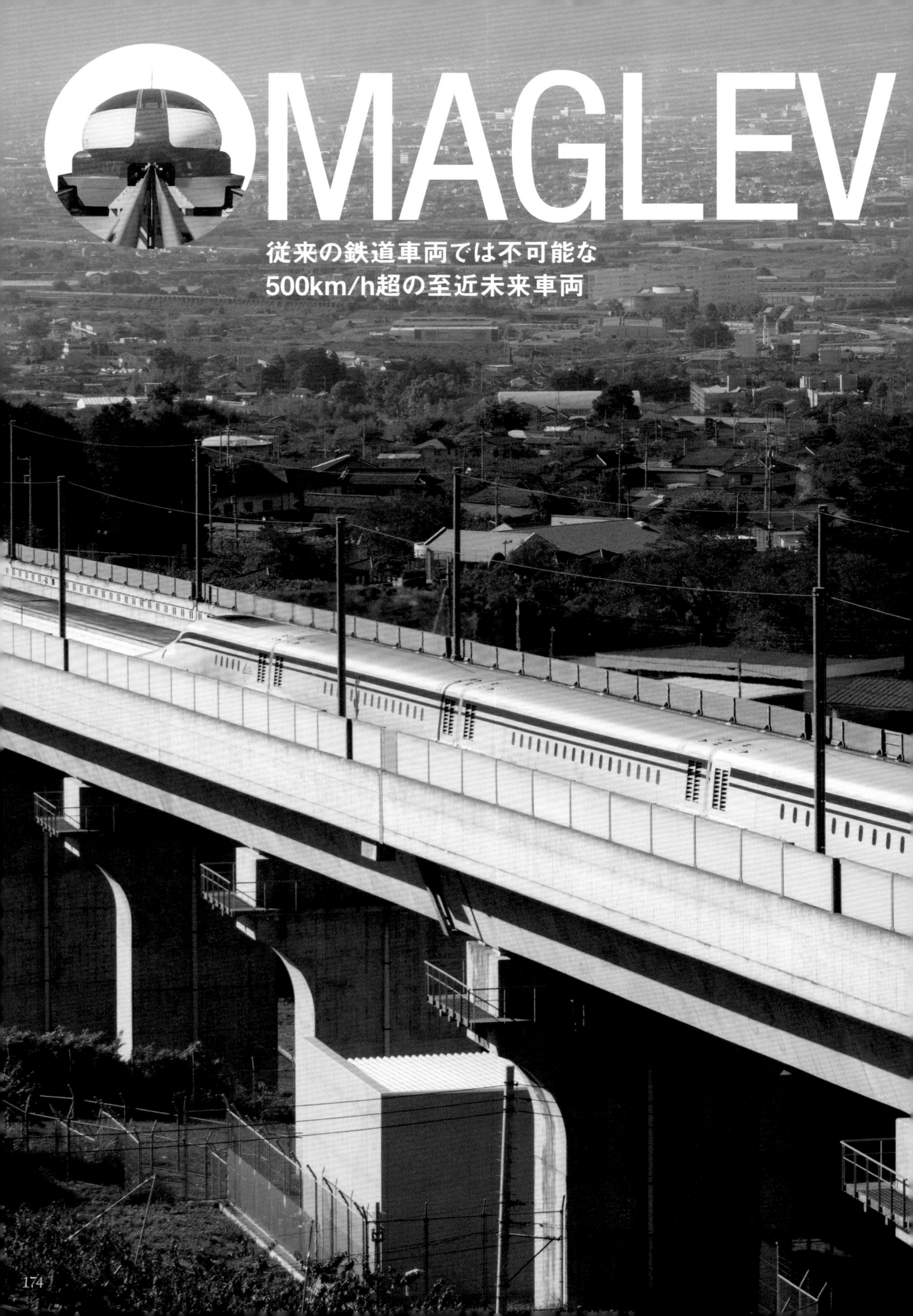

MAGLEV

従来の鉄道車両では不可能な
500km/h超の至近未来車両

レールや架線との接触をなくすことで物理的な接触限界から脱し、地上から10cm浮上することで地震などのトラブルの際も安全に停止が出来る新たな鉄道システムとして研究開発されてきたのが、超電導リニアである（10cm浮上出来るのは超電導であるため）。主に「MAGnetic LEVitation」（磁気浮上）を略して、MAGLEVと呼ばれる。

車両に搭載された超電導電磁石を、ガイドウェイに搭載された電磁石を使って走行させる。その時、ガイドウェイに搭載されたコイルに誘導電流が流れることで電磁石化し、車両の超電導磁石との相互作用で浮上と左右位置の調整が行われる。

ここでは、国鉄の鉄道技術研究所（後に鉄道総合研究所となる）が1972年に初の浮上走行を実現した試験車両から、JR東海によるリニア中央新幹線用のL0系までの試験車両を紹介。

LSMの実験、超電導による浮上、それぞれを別に行う実験車として開発。LSM推進は、実験車が浮かないようにした状態で側壁に取り付けたLSMコイルで推進させた

磁気浮上の実験では、推進自体は横に並行するLIMで駆動を行った

ローラーで左右を支持してはいるが、超電導による磁気浮上は成功した

液体窒素で冷却しながらの実験で、パイプが凍結しているのが分かる

LSM200

1971年より開発が進められらたリニア同期モータ（Linear Synchronous Motor）形式の実験装置。超電導磁石を使った初の試験機で、1972年３月に世界で初めて電磁誘導浮上走行に成功した。リニアモータの形式と、ガイドウェイの長さ220mにちなんでLSM200と後に命名された。

LSM200では実験用駆動だったLIM方式での走行。
逆T字形のガイドウェイにまたがる形になった。
電磁誘導による反発浮上で公開走行が行われた

ML100

鉄道100年のタイミングに合わせて、超電導磁気浮上車の公開実験をすることになり開発。リニア誘導モータ（Linear Induction Motor）形式の車両で、車両の左右に超電導磁石を持つ４人乗り。公開実験では無人走行だったが、その後開発者達が乗り込んで有人走行している。

ガイドウェイに敷き詰められた
コイルがよくわかる

全長7m、全高2.2m、
全幅2.5m、
質量3.5tで、
最高速度は60km/h

公開用ということもあり、
一般に好かれるような
デザインにしたという

逆T字のガイドウェイはML100と同じだが、推進方式はLSM200と同じLSM。側壁のコイルが推進・案内用、床面のコイルは支持用。低速時用の補助支持タイヤがある

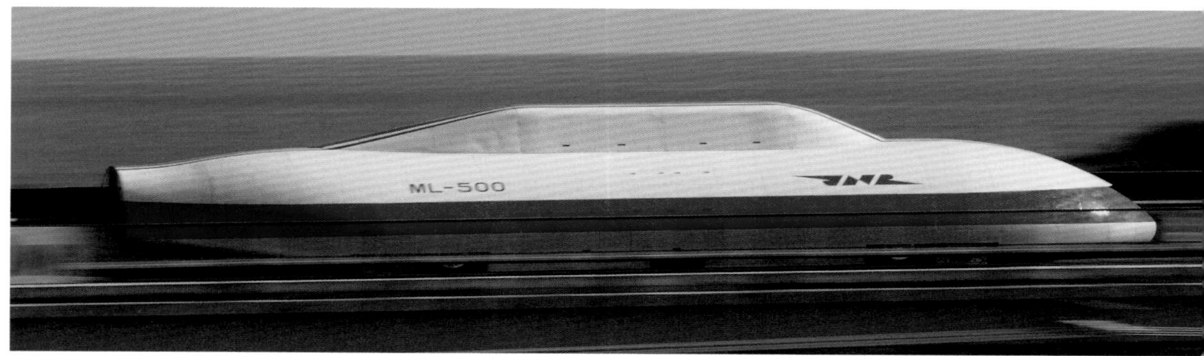

全長13.5m、全幅3.7m、全高2.9m、質量10tで最高速度517km/h

高速化で前頭部が持ち上がることから、尾翼をつけた実験も行われた

MLはMagnetic levitationの略。500は、500km/h走行を目指したため

ML500

宮崎県に専用の実験線が設けられ、500km/hでの走行を目指して開発された無人車両。LSM形式の可能性確認の意味もあった。1977年９月21日には発進式が行われた。1979年12月12日の試験走行で504km/h、同21日に517km/hをマークした。

側壁のコイルで推進と案内を行い、低速時に補助支持タイヤで走行するなど、現在に至る原型がこの時点で完成している
(写真提供:公益財団法人 鉄道総合技術研究所)

ML100A

ML500の前身となる実験機で、1975年３月に完成。LSM形式での推進を行いつつ、完全非接触型の走行実験に成功。地上の推進コイルにガイドウェイの役割も持たせる方式が考案され、実験するために作られた車両。

ML500R

ML500の改造車。超電導コイルの冷却に使う液体ヘリウムの再冷却を車両内で完結させるため、独自開発のヘリウム冷凍液化装置を搭載。改造した超電導磁石、ヘリウム冷凍機/圧縮機、駆動用ガソリンエンジンなどを搭載したため車両重量が約13ｔとなった。

蒸発した気体ヘリウムの冷却再液体化を車内で完結させようとする挑戦。当時は常識外の出来事だった。重量が増すなどしたため最高速度は204km/h
(写真提供:公益財団法人 鉄道総合技術研究所)

有人化に伴い車両性能を考慮した結果、箱形断面積の車両のほうが、断面積が小さく重心位置も低くなることから、U字形のガイドウェイへと変更となった

MLU001

実用化に向け、有人化と連結走行実験を目指した車両。1～3両での走行が可能であり、各車両にはそれぞれ異なるタイプのヘリウム冷凍機が搭載された。質量は各車とも10ｔ。1980年11月18日に実験走行を開始、翌19日には2両連結での走行試験が始まっている。

全長10.1m、全幅3.0m、全高3.3m。中間車は全長8.2m、全高3.2m

車両を連結できる方式にするため、独特の形状となっている

有人走行をするための車両で、先頭車は8名、中間車は16名の定員

初の連結走行実験。2両での最高速度は405km/h

3両連結での実験。最高速度は352km/hをマーク

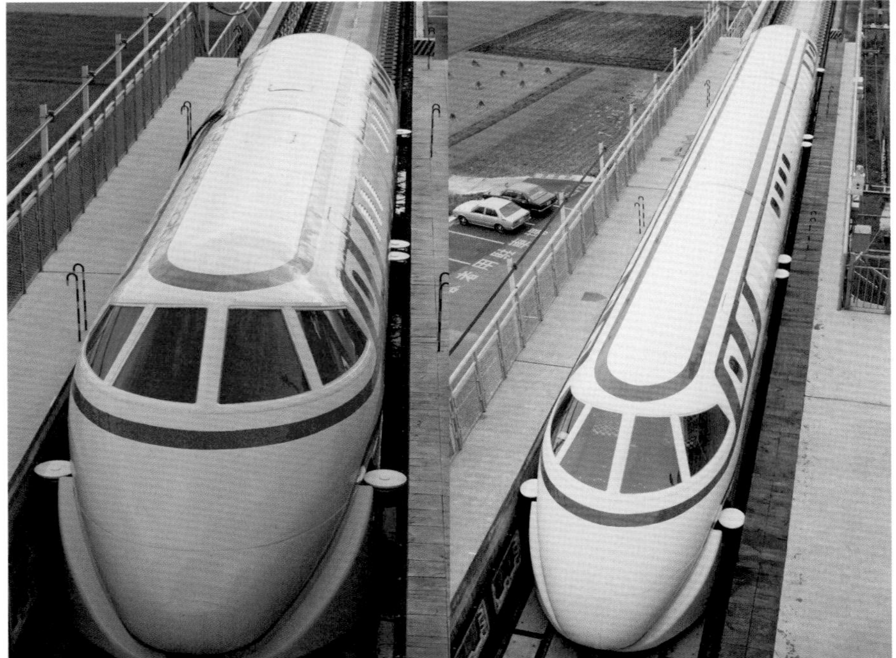

U字型のガイドウェイになったため、再び側壁に向けて補助支持タイヤがつけられている

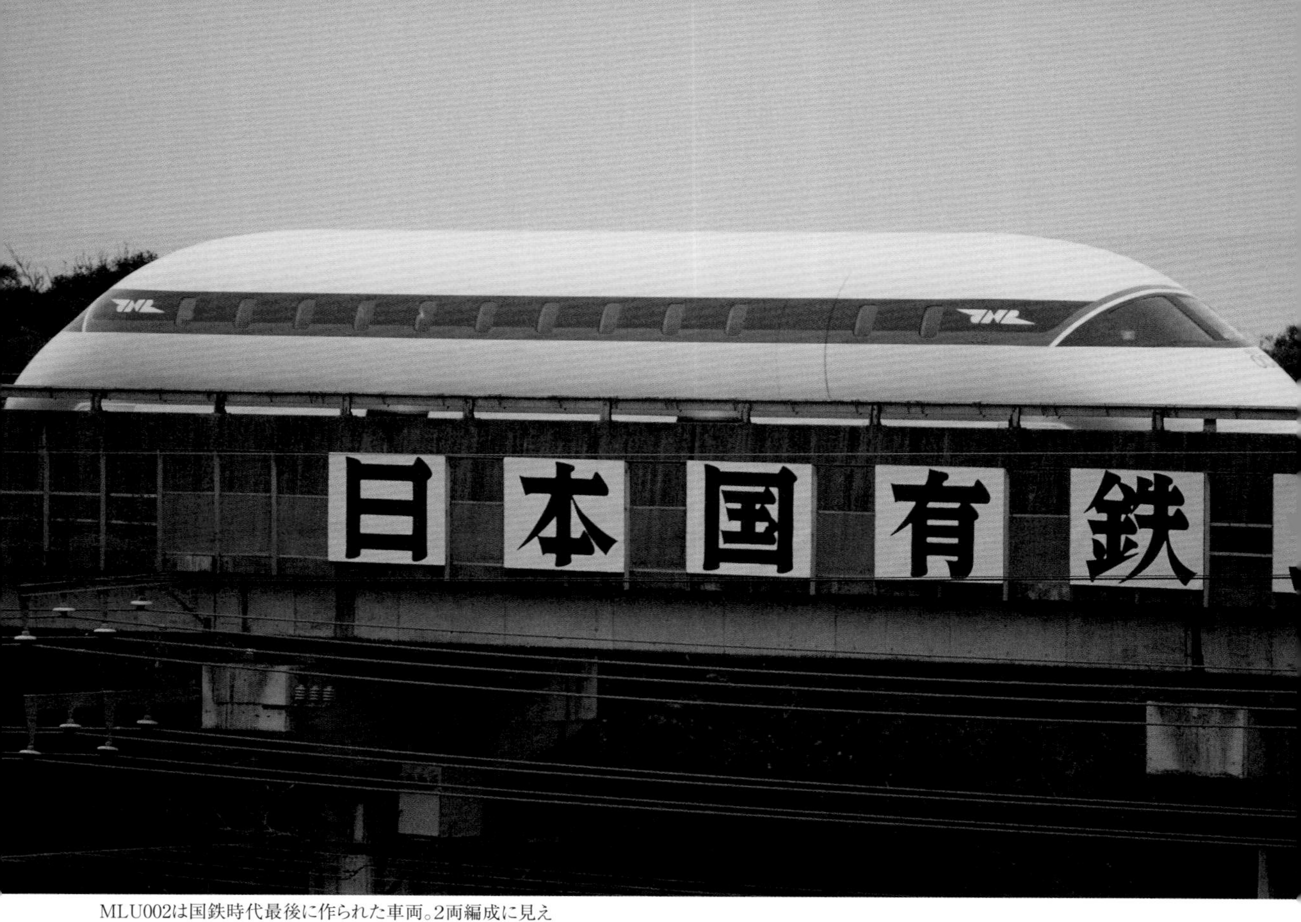

MLU002は国鉄時代最後に作られた車両。2両編成に見えるが1両。最高速度394km/h

MLU002

実際に多くの人に試乗してもらうことを目的に作られた車両。座席数は44で、快適性や安全性の確認も行われた。完成は1987年 3 月。1991年10月、実験走行中の事故から牽引の最中、車両火災を起こして全焼した。

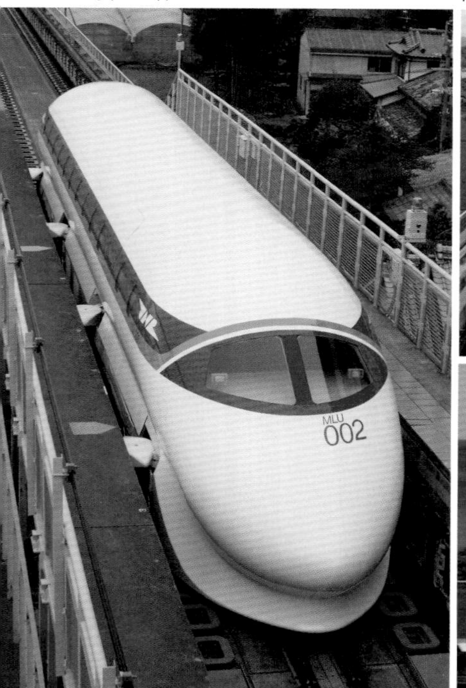

全長22.0m、全幅3.0m、全高3.7m、質量17t。定員は44名

左右のガイドウェイに対して出ているのは案内ストッパ輪。内側に案内脚がある

すぐに国鉄民営化を迎え、JNRマークからJRマークへ変更となった

外観はMLU002とほぼ変わりがないが、実量は若干増えて19t。全長22.0m、全高3.0m、全幅3.7mとなっている

屋根の一部が持ち上がるタイプの空力ブレーキを搭載している。屋根に入っているモールドは、空力ブレーキのパネルのものだ

MLU002N

MLU002の事故を受け、防火対策を施し、乗り心地の向上や、車輪ディスクブレーキ、空力ブレーキなどを搭載した、営業化を視野に入れたプロトタイプ車両。1994年２月に無人走行で431km/h、1995年１月に有人走行で411km/hをマークしている。

ダブルカスプ型の先頭車。写真では分かりづらいが、先端は底面から空気を攫い上げるような独特の形状をしている

エアロウェッジ型の先頭車。前端が緩やかで丸っこい形状となっている。MLX01からは案内ストッパ輪、案内脚は、車両収納タイプとなった

MLX01

山梨県に設けられた実験専用の専用車両として開発され1996年より導入。新たに先頭車形状が考慮された。それぞれ形状が異なり、

新たな先頭車形状のロングノーズ形。現在のL0系に近い形となった。ちなみに中間車は試乗用に定員68名の座席が用意されている

山梨リニア実験線が建設されるにあたって、JR東海が制作した超電導リニアのモックアップ。1988年に東京駅の八重洲北口に展示された

エアロウェッジ型とダブルカスプ型があったが、2002年に空力特性の改善を目指したロングノーズ型を追加。最高速度は581km/h。

最初に投入された900番代の先頭車を前後に備えた車両。
最高速度は有人で603km/hをマークしているが、
営業上の最高速度は500km/hを予定している

900番代の試験結果から、先頭車形状を最適化した
950番代先頭車。空気抵抗を13%減らした。
また前方認識カメラ、前照灯の位置を上げている

L0系

リニア中央新幹線の営業線仕様の車両。先頭車はMLX01-901をベースによりなめらかな形状に、居住性を確保するため角型の車両断面を採用。当初は車内電源用にガスタービン発電装置を搭載していたが、誘導集電方式に変更された950番代が2020年に登場。

模形のリニア

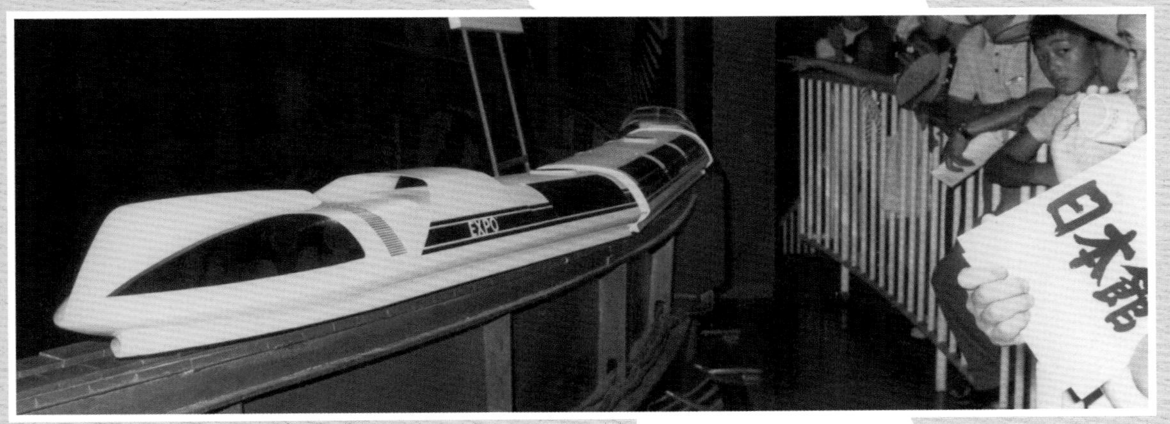

1970年の大阪万博の日本館で展示された磁気浮上リニアモーターカーの走行模型。大変な人気を博した

1971年12月の時点で国鉄に存在していたリニアの模型。後のML100に似た形状をしていた

走行ルート

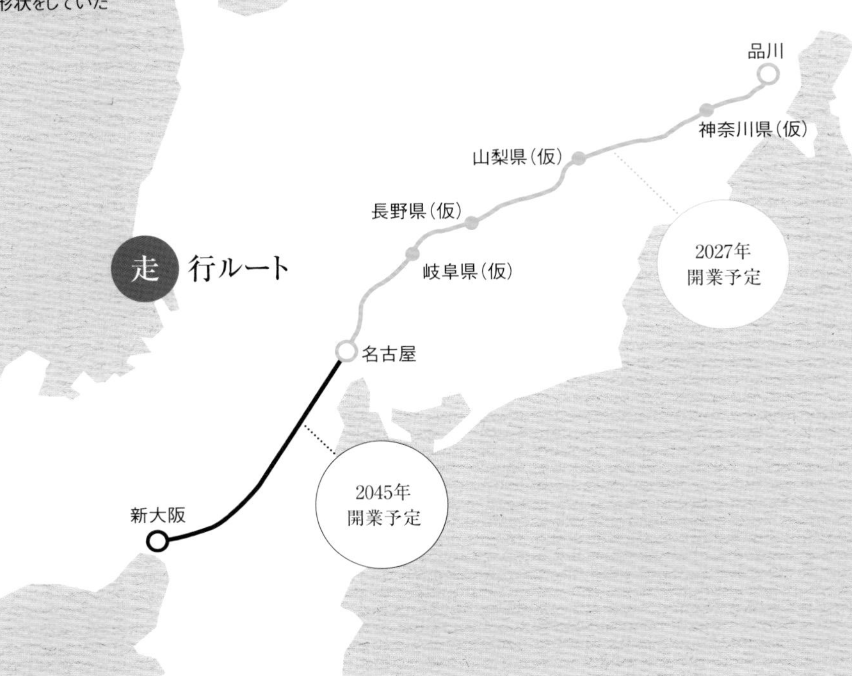

連結!!

joint

試作車両

東海道線のモデル線鴨宮基地（当時）の様子。奥にＡ編成、手前にＢ編成

1000形A編成B編成

Ｂ編成。静電アンテナの形状が０系とは大きく異なる　　Ａ編成。窓が大きいのがよくわかる

世界初の高速鉄道専用車両を開発すべく、各種試験を行うため1962年に製造された車両。２両編成からなるＡ編成と、４両編成からなるＢ編成の２タイプが存在した。いわゆる０系のプロトタイプとなる車両。綾瀬～鴨宮間にあったモデル線で256㎞/hの最高速度を樹立した。

モデル線を走行するＢ編成

山陽新幹線の西明石駅に停車中の951形。
2両編成だった（1974年2月22日）

951形高速試験車

新幹線の速度向上を図るべく、性能試験用として1969年に開発された車両。1972年２月24日、開業前の山陽新幹線、相生～姫路間で286km/hの速度を記録している（当時の０系の最高速度は210km/h）。

上：951形のサイド。ライトの後ろにでっぱりのある
独特の形状
下：961形と並ぶ951形（奥）

最高速度286km/hを記録した時のスピードメーター
（1974年2月24日）

小山付近に先行して作られた新幹線総合試験線。青い帯の新幹線が東北新幹線の路線を走った

1978年6月9日に東北新幹線の小山駅で行われた、試験電車の出発式の様子

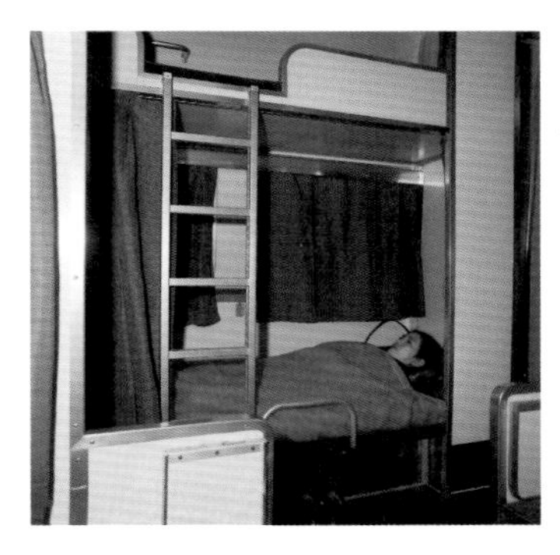

普通寝台車の二段式ベッドの下段の様子

特別寝台(個室)。上下のベッドに加えソファも完備されていた

普通寝台車の二段式ベッド。寝台特急で見られた形のものと同じ

特別個室A。広いソファとテーブルのついた個室。後の100系の個室の原型

961形

新幹線の様々な試験用として1973年に開発された車両。6両編成となっており、座席車のほかに食堂車や、当時計画されていた寝台車の車両が編成されていた。東海道・山陽新幹線や東北新幹線のモデル線で試験を行った。

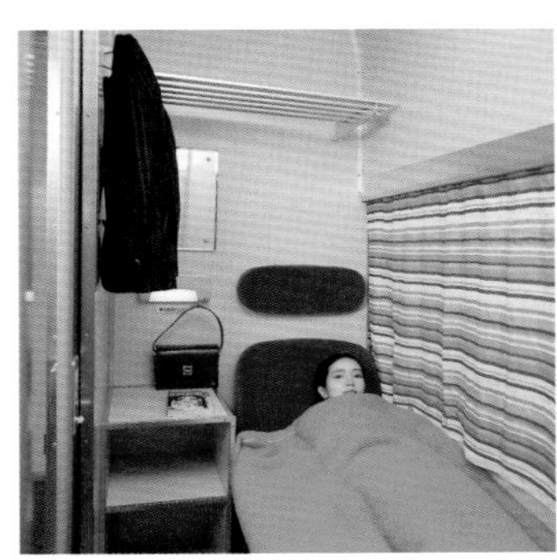

特別寝台AとBの一人用個室。ドア付きでシングルベッドを装備

広めのテーブルのある食堂車の様子。これが後の0系の食堂車の原型となっている

特別寝台Cの一人用個室。ソファとミニテーブルがついている

先頭車形状はそれぞれ異なっており、こちらは東京方の6号車。キャノピーのような運転席が特徴

運転席のわきには、JR westの表記がしてある

博多方の１号車の先頭形状は、後の500系をなんとなく想起させる形状となっている

山陽新幹線を350km/hで営業運転すべく、1992年にJR西日本が高速試験用に開発した車両。同年に350km/hでの走行を実現し、当時国内最速を記録している。６両編成で、両先頭車両の形状が異なる。デザインは大きく異なるが、500系のプロトタイプといえる車両。

WIN350
（500系900番代）

WIN360の愛称は、West japan railway's INnovation for the operation at 350km/h（350km/h走行のためのJR西日本のイノベーション）の略となっている

STAR21
(952・953形)

高速新幹線開発のための試験車両として、JR東日本が1992年に開発。「Super Train for the Advenced Railway toward the 21 Century」の頭文字をとってSTAR21と名付けられた。高速運用時に課題となる騒音や振動などの環境対策、安定走行などが目標とされた。従来の新幹線車両の1/2の重量を実現したほか、1993年12月に425km/hを記録。9両編成で、先頭車の形状はそれぞれ異なるものとなっている。

先頭形状はどちらとも楔形をしているが、若干形状が異なっている。東京方の1号車側は、尖端へいくにしたがってすぼまっているような形

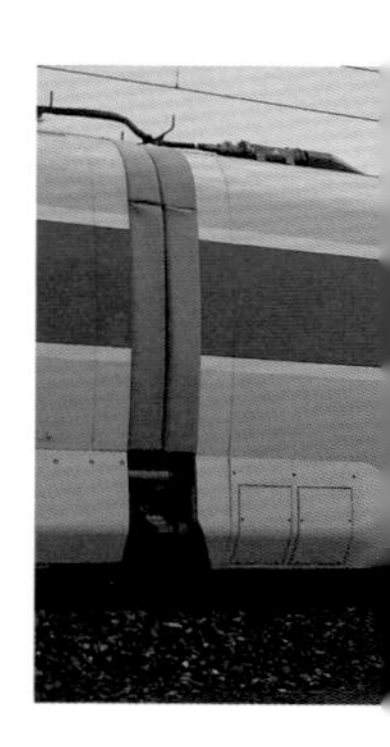
JR東日本所属の各種新幹線(当時)が勢ぞろい。STAR21の試験結果はこれ以降の新幹線に活かされている

953形は連接台車となっており、日本の新幹線ではこれが唯一の車両

盛岡・新潟方の９号車。尖端にいくにしたがって広がるような形状となっている。ただし側面から見ると１号車も９号車も変わりがないように見える

中間となる５号車は、前後車両のベースカラーが斜めに交差。また、左側は連接台車、右側はボギー台車となっている

1号車。カスプ型先頭車と呼ばれる形状で、空気抵抗を減少させるためにこの形を採用した

300X（955形）

300系に次ぐ新たな高速車両を研究開発する目的で、JR東海が1996年に製造した試験車両。443km/hという1996年当時、国内最速を達成。大型のパンタグラフカバーが特徴的。１号車と６号車の形状がそれぞれ異なっている。

正面から見た１号車。どことなく後の700系に似た形状に見える

運転席下部に300Xのロゴが入っている。１号車は博多方を向いている

FASTECH 360S
（E954形）

高速運転中に急ブレーキをかけた際、空気抵抗によるブレーキ効果を狙って取り付けられた装置。ただし320km/h走行では、この装置がなくても現行車両と同等のブレーキ制動距離が得られたことから、E5系には採用されなかった

高速集電性能を向上させ、低騒音形としたシングルアームパンタグラフ。サイドは、騒音対策のZ形遮音板

360km/hでの運転を技術上の目標として、JR東日本が開発した新幹線高速試験電車。現在のE5系のプロトタイプにあたる車両で、最高速度405km/hをマークしている。「360km/h運転車両のプロトタイプ」「高速走行時の現象解明の実験プラットフォーム」「近未来快適移動空間の提案ステージ」をコンセプトとしており、名称はFAStTECHnology＋360km/h＋Shinkansenから。

東京方の１号車と八戸方の8号車（先頭車両）はそれぞれ異なるデザインとなっており、１号車はStream-line（左）、８号車はArrow-line（右）と名付けられている。走行速度の向上以外に、雪害対策、騒音抑制、乗り心地の向上が図られている。

2005年６月から2007年度にかけて走行試験を行った。

FASTECH360Sのロゴ。リングは未来の象徴、ドットは高速試験電車に託す夢の数々、ロゴタイプはスピード感とシャープさ、小文字で親しみやすさを表現

スノープラウのエッジが騒音源になることから、使用しない時期には写真のようにカバーが取り付けられた

FASTECH 360Z

（E955形）

ミニ新幹線でも、新幹線専用車両と同レベルの高速走行や環境性能を出すべく2006年に開発された試験車。６両編成で、先頭車の形状は１号車６号車ともArrow-lineだが、先頭長の長さが異なり、13mと16mとなっている。

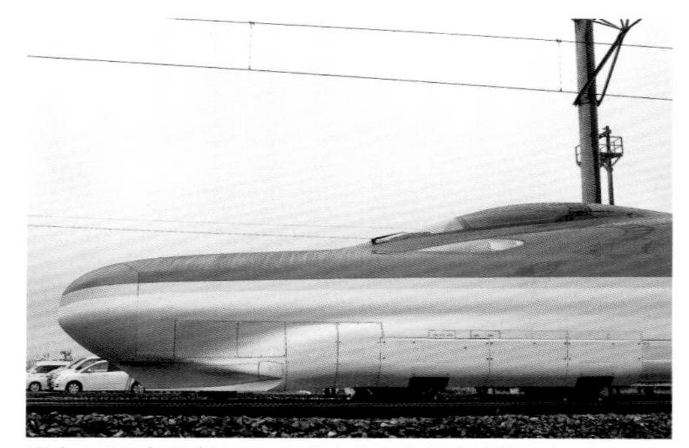

現在のE6系ほぼそのままのような先頭車形状をしていたのが分かる

FASTECH360S同様、空気抵抗による非常ブレーキシステムを搭載。こちらもE6系には搭載されなかった

左は車体間バンパー。右のパンタグラフは、E6系に似ているが碍子の位置が異なる

プレートのようなパンタグラフ遮音板。在来線区間では自動格納される

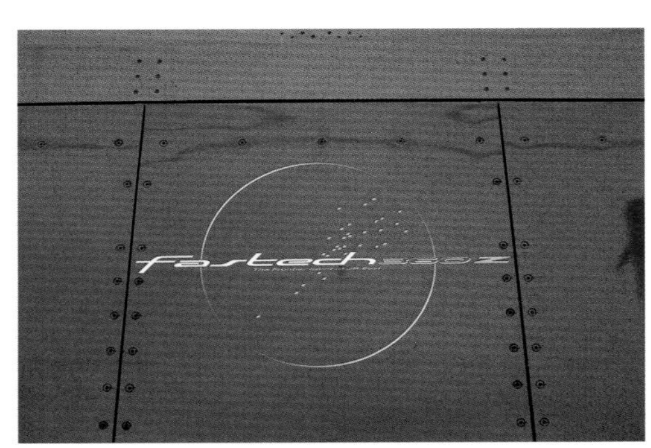

FASTECH360Zのロゴ。 デザインの基本はFASTECH360Sと同じ。ZはZairaisenの意味

東京方の１号車は、E5系よりも１mノーズが長く16mとなっている。そのうえで車内はE5系と同等の室内空間を確保している

ALFA-X
（E956形）

ほぼ窓のない５号車側面に入るロゴ。Advanced Labs for Frontline Activity in rail eXperimentationの略で、最先端の鉄道実験のための先進的ラボというような意味合い

９号車はグリーン車で現行のE5系と同じ配置。グランクラスは８号車で、室内環境の比較評価のため車内が２つに分かれている

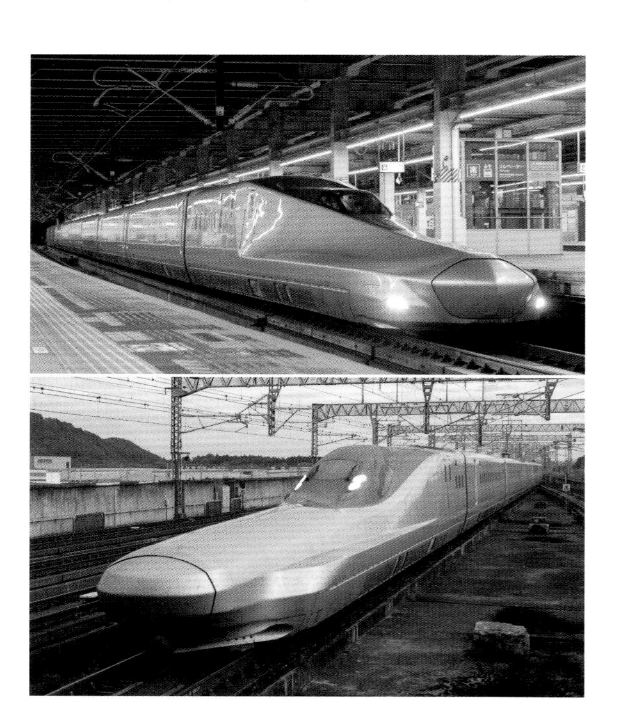

新函館北斗方の10号車は、22mのノーズを備えた新形状。トンネル微気圧波(突入時の衝撃が、出口側で音や振動の形で発散される現象)を抑える試験を行う

JR東日本の次世代新幹線開発のための試験車両。2019年５月に落成し、試験走行を開始している。

北海道・東北新幹線での営業運転360km/hを実現するために、さまざまな安全性と安定性を追求している。高速運転出来る車両であことと同時に、地震発生時に素早く停止できる性能や脱線をしにくくさせる機構を備えること、振動やカーブ時の傾斜を軽減するなどして快適性を向上させることなどだ。同時に、騒音などの環境性能の追求、車両のメンテナンス性の向上のための施策も行っている。また、将来の自動運転化に備えたスムーズな車両制御の基礎研究開発もこの車両のミッションとなっている。

10両編成で、先頭車である１号車と10号車はそれぞれ異なった形状。中間車も窓の大きさや有無で客室環境の変化などをテスト。基本は360km/hでの走行だが、400km/hでの走行試験なども行われる。

この車両で得られた結果を基に、新たな北海道･東北新幹線用の車両（E5系の後継）が開発される予定だ。

新たに２種類の低騒音形パンタグラフが開発され、当初は両方を搭載。後に、それぞれに揃えて試験を行っている

車両側面の行先表示器はフルカラーLED。このようにロゴマークなども表示することが可能だ

屋根上にある黄色の板は、空気抵抗板ユニット。FASTECH360では大型で場所をとっていたため、小型分散化した

2014年に製造された第三次試験車両で４両編成。新幹線区間での最高速度は270km/h、在来線区間では130km/hを実現。この車両の結果をベースに、西九州新幹線への導入が見込まれていたが、トラブルの究明と改良に時間を要したため、導入は見送られた

1998年に製造された第一次試験車両で３両編成。2006年まで走行試験が行われた。新幹線区間での最高速度は200km/h、在来線区間では130km/hだったという

（写真提供：鉄道・運輸機構）

2007年に製造された第二次試験車両で３両編成。2013年まで走行試験が行われた、新幹線区間での最高速度は270km/h、在来線区間では130km/h、当初在来線区間の急カーブでは高速走行が出来なかったが後に改良された

（写真提供：鉄道・運輸機構）

フリーゲージトレイン

新幹線では、高速走行や大量輸送を安定して行うために、在来線よりも線路の軌条が368mm広くなっている。だが、そのために在来線との直接の乗り入れが出来ず、利用者にとっては接続に不便があったり、新幹線用の線路を新たに建設（あるいは在来線を改軌）しなければならないというコストの問題などがある。

そのため、研究・開発されているのがフリーゲージトレインだ。車輪の間隔を自動的に切り替えることで、新幹線の軌条1435mmと在来線の軌条1067mmのどちらの線路でもシームレスに走れることを目的としている。

1994年から研究開発が始まり、現在までに３つのタイプの試験車両が作られている。西九州新幹線や北陸新幹線への導入の計画もあったが、現在は断念されている。

検測車両

921-1の試運転の様子。０系に引かれる形で検測を行った

921形

上：低速だが自走が可能な921-1。新幹線や機関車に引かれて高速で検測を行う。1962年に登場
下：検測のみを行う車両のため自走は出来ない921-2。1964年に登場

160km/hの高速で軌道検測が可能な、新幹線専用の検測車。モデル線時代は4000形と呼ばれていた921-1と、客車から改造された921-2の２つの車両がある。921-1は低速で自走することも出来たが、921-2は牽引されるのみ。いずれも高速試験走行時は、０系や911形などの機関車に引かれる形で検測を行った。

922形T1編成

1000形Ｂ編成を改造して、電気・信号系の検測を高速で行えるようにした車両。Ｂ編成時の４両編成のまま検測車両となっている。1964年に登場し、T2編成の登場により引退している。

7両編成で構成されている。5号車に軌道検測を行う921形が入っており、そこだけ車両長が短く、台車が3つあるのが特徴

922形 T2編成

1974年に登場した、初の電気軌道総合試験車。従来、軌道は921形、電気系は922形で行っていた検測を１つの編成で同時に行えるようになった。０系大窓車をベースにした７両編成で、210km/hで検測が可能となっている。国鉄民営化後にJR東海の所属となった。T4編成の登場によって引退した。

922形T3編成

山陽新幹線の博多延伸による需要増加と、T2編成が検査入場時にも検測作業を行えるように準備された編成で、1979年に登場。機能的にはT2編成と同等で、０系小窓車をベースにしている。国鉄民営化後にJR西日本の所属となり、前頭部カバーが黄色に塗られた。T5編成の登場で引退している。

国鉄所属の頃のT3編成。前頭部カバーが白

922形T2編成とT3編成の、自動分割併合試験の様子。この仕組みは、民営化後に東北新幹線で実用化された

923形 T4編成

700系をベースにした検測車両で、270km/hで検測が可能となっている。JR東海の所属で、2001年に登場。前頭部に前方監視カメラがついており、700系とは若干印象の異なるフェイスとなっている。『ドクターイエロー』の愛称で親しまれている。

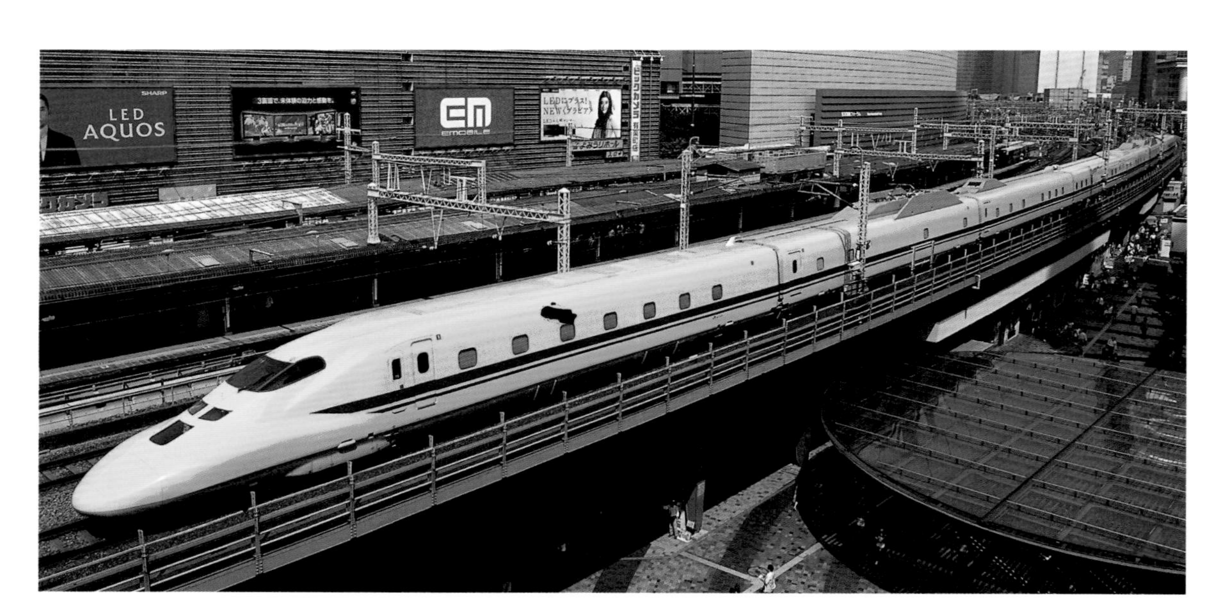

923形T5編成

基本的にはT4編成と同じだが、700系Ｂ編成（3000番代）をベースにした、JR西日本所属の検測車両で、2005年に登場。T4編成とT5編成は通常、東京の大井基地にいることが多い。

E926形 S51編成

East iと名付けられたJR東日本の電気軌道総合試験車で2001年に登場。E3系をベースにした6両編成で、新幹線区間とミニ新幹線区間の両方を検測可能な初めての車両。電源周波数の切替装置などを装備しており、JR西日本エリアの北陸新幹線区間（上越妙高～敦賀）まで検測している。

青函トンネルを超えて北海道へ。JR東日本全線だけではなく、JR北海道の新幹線区間も検測する

先頭車側面に大きく入れられたEast iのロゴ。電気軌道総合試験車に名称ロゴが入ったのは、本編成が初

登場時は200系と同様に白地に緑帯の塗装がされていた

925形S2編成の登場に合わせて、黄地に緑帯の塗装に変更されている

925形S1編成

東北・上越新幹線用の電気軌道総合試験車で、1979年に登場。後の200系の原型の１つでもある。922形T2編成と同様、７両編成。北陸新幹線長野開業時に、電源周波数50/60Hzに対応した。2002年のE926形登場とともに引退した。

925形 S2編成

200系の試作車だった962形をベースに、電気軌道総合試験車へ改造した編成で、1983年に登場。元々試作車だったため、一部の窓を塞ぐような形の外見となっている。他の検測車同様5号車に他の車両よりも全長の短い軌道検測車を組み込む形で運用された。

軌道の検測ではなく、高速試験をする用途にも使われた。その際に、軌道検測用の5号車は外されている

S2編成に改造される前の962形。200系の試作車両だった

5号車に編成された軌道検測用の車両921-41。当初は緑＋白のカラーリングだった

921形の牽引のほか、新幹線の救援などの目的で製造された。国鉄民営化後はJR東海の所属になっている

911形

新幹線規格のディーゼル機関車。高速での軌道試験やレール輸送などを行うために投入された。日本最速のディーゼル機関車で、最高速度160km/hで921形を牽引出来る。

912形

新幹線規格用のディーゼル機関車で、DD13形ディーゼル機関車を改造した車両。最高速度は70km/h。主に保線用を目的として導入された。

新幹線
あれこれ

先頭車の形状は、下側は700系に近いが、上側は異なる形に変更されている。また、乗務員用扉がないことも分かる

台湾高速鐵道 700T型

台湾の北に位置する台北と、南に位置する高雄間を約1時間半で結ぶ高速鉄道の車両が700T型だ。これはJR東海とJR西日本が輸出用に共同開発をした車両で、700系新幹線をベースに改良が加えられたもの。

最高速度が300km/hに引き上げられているほか、先頭形状が若干700系と異なる。ほかに12両編成であることや車体側面の乗務員用扉の有無、車内設備なども台湾高速鉄道用にカスタムされている。

工事中の東京駅。中央に見えるのが在来線。
その右側に東海道新幹線用ホームや
線路の建設が行われているのが見える

新幹線が通るまで

～工事の様子～

1964年に東京～新大阪間を開業した
東海道新幹線。以降、山陽新幹線、
東北新幹線、上越新幹線、山形新幹線、
秋田新幹線、北陸新幹線（当時は長野新幹線）、
九州新幹線、北海道新幹線と
新幹線ネットワークは広がっている。
ここでは、東海道新幹線開業のころからの
工事の様子を追ってみた。

東海道新幹線

工事中の新大阪駅。手前が博多側。
奥に見えるのが東海道本線で、
手前の線路が御堂筋線

静岡～熱海間の新丹那トンネル
工事中の様子。左側は東海道本線

京都～新大阪間の
高架工事の様子。高架の
先にあるのは京阪神急行電鉄
京都本線で、
新幹線のために阪急も後に
高架工事をする。その間、
新幹線の線路を使って
阪急の列車が走った。
写真は1963年のもの

山陽新幹線

1973年の博多駅の建設工事の様子。
中央に見えるのが在来線で、
その横に新幹線駅部の基礎工事が行われている。
ちなみに写っているのは寝台特急金星

新下関～小倉間にある
新関門トンネル工事の様子。
上の写真は切羽面。
いずれも1971年当時の様子

東北新幹線

東北本線宇都宮貨物ターミナル付近にて、
高架橋建設中の様子

東北本線石橋～雀宮間を並走する
高架橋建設中の様子

一ノ関トンネルと第一北上川橋梁にて、
レール施設工事の最中。1978年

上越新幹線

大清水トンネル
保登野沢斜坑
建設現場の遠景

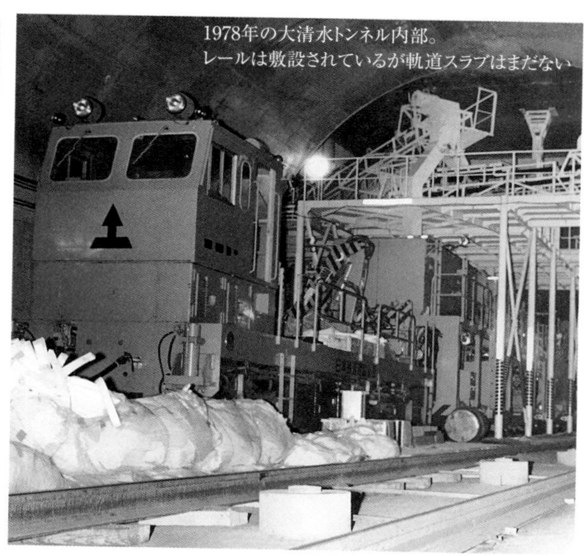

1978年の大清水トンネル内部。
レールは敷設されているが軌道スラブはまだない

北海道新幹線

新幹線が通れるよう、
新幹線規格で作られた
青函トンネル。
開通は1988年

新函館北斗から札幌へ延伸
する途中にある渡島トンネル。
2021年